普通生物学实验指导

（第 2 版）

仇存网　刘忠权　吴生才　**编著**

东南大学出版社
SOUTHEAST UNIVERSITY PRESS
·南京·

内容提要

普通生物学是生物学及其相关专业的一门重要的基础课程,实验课是教学的一个重要环节,它是培养学生的动手能力、分析能力和创新能力的一个重要的不可替代的手段。

本书是在多年的教学实践的基础上编写而成的,教材体系与《陈阅增普通生物学》相配套。构建以能力培养为核心的多层次教学内容体系,全书分五章,分别为绪论、基础性实验(38个)、综合性实验(12个)、实验设计基础知识、设计及探索性实验(16个)。

本书可供师范、农、林、医学等高等院校的相关专业的师生作教材使用,也可供本科生作毕业论文时的参考指导,还可供中学生物教师作教学参考书。

图书在版编目(CIP)数据

普通生物学实验指导/仇存网,刘忠权,吴生才编
著. —2版. —南京:东南大学出版社,2018.3(2024.8重印)
ISBN 978 - 7 - 5641 - 7650 - 1

Ⅰ.①普… Ⅱ.①仇… ②刘… ③吴… Ⅲ.①普通生物学-实验-高等学校-教学参考资料 Ⅳ.①Q1-33

中国版本图书馆CIP数据核字(2018)第037624号

普通生物学实验指导(第2版)

出版发行	东南大学出版社
出 版 人	江建中
社　　址	南京市四牌楼2号
邮　　编	210096
经　　销	江苏省新华书店
印　　刷	南京京新印刷有限公司
开　　本	700mm×1000mm　1/16
印　　张	9.5印张　彩插6面
字　　数	240千字
版　　次	2018年3月第2版　2024年8月第6次印刷
书　　号	ISBN 978 - 7 - 5641 - 7650 - 1
定　　价	28.00元

*本社图书若有印装质量问题,请直接与营销部联系,电话:025 - 83791830。

再版前言

本教材第一版于 2010 年出版，内容体系与陈阅增先生主编的《普通生物学——生命科学通论》相配套。目前，《普通生物学——生命科学通论》教材已经出版到第四版，教材也更名为"陈阅增普通生物学"，其内容的编排也做了较大的变动，目前，生物学的实验技术和手段也得到了快速的发展和普及，所以有必要对教材重新修订，以进一步满足教学的需要。

教材的修订思路：(1) 减少、合并纯粹的生物体形态结构的观察部分的内容。因为多媒体技术的发展，使学生可以通过更多的途径和方法，获取有关生物体形态结构的知识，满足其形象思维的需求。(2) 加强实验技术的培训。技术是进行生命科学研究的必要手段，掌握技术与否，也是评价学生动手能力高低的依据。加强技术训练，兼顾传统生物实验技术和现代生物实验技术，如增加了石蜡切片技术（实验四十三），增加了 DNA 的提取、体外扩增、质粒 DNA 的提取与转化等现代生物实验技术内容。(3) 剔除操作性差的，增加操作性强的设计与探索性实验内容。

新版教材，继续体现构建以能力培养为核心的多层次实验教学内容体系。强调对学生实验技能和探究能力的培养，强化科学思维和科学方法的训练。本书一共安排了 66 个实验，供不同学校和不同专业根据自身的特点和需要选用，包括基础性实验 38 个、综合性实验 12 个、设计及探索性实验 16 个。

本书使用的图片，大部分来自于本书后所列的参考文献，并根据需要作了部分改动；部分为编著者自己拍摄；部分图片来自于互联网，向这些作者表示感谢。

本书可供师范、农、林、医学等高等院校的相关专业的师生使用，也可供中学生物学教师作教学参考书。

由于编者水平有限，书中难免有不足之处，恳请有关专家、老师和同学指正。

编著者
2017.11

目 录

第三章　综合性实验

第四章　实验设计基础知识

第五章　设计及探索性实验

第一章 绪 论

一、普通生物学实验的目的和要求

通过实验课的教学,加深对生物学基本知识和基本理论的理解;熟悉常规的生物学实验的基本操作技术,学会实验结果的记录方法,学会各类实验的实验报告撰写方法;提高学生的实验观察能力、实验设计能力和实验探索能力;培养学生科学的、严谨的、实事求是的学风;培养学生团结协作的精神。

二、实验室规则

1. 实验前要认真预习或准备,明确实验的目的、要求,了解实验步骤、方法和基本原理。

2. 按规定的时间进入实验室。保持实验室安静,不得进行与实验无关的活动。

3. 实验过程中,对消耗性材料要坚持节约的原则,爱护所用的仪器设备,只有在熟悉仪器的性能和使用方法后,方可对仪器进行操作。

4. 实验过程中,随时注意保持工作区域的整洁,废品丢入废物桶;不能把杂物丢入水池,以免水池堵塞。实验结束后,清洁、整理实验桌、仪器和其他器具。

5. 实验过程中要仔细观察,将实验中的一切现象和数据都如实地记录在报告本上,根据原始记录,认真地分析问题,处理数据,写出实验报告。

6. 对实验的内容和安排不合理的地方可提出改进意见,对实验中的一切现象(包括反常现象)应进行讨论,并大胆提出自己的看法。

三、生物绘图

生物绘图是记录形态类实验结果的主要方法,是对观察对象形态的直观记录。尽管各种摄影技术在生物学的形态记录中已广泛使用,绘图仍然在生物学研究和教学活动中起着重要的辅佐作用。生物学绘图要注意如下事项。

1. 用硬铅(2H 或 3H)的铅笔,铅笔应削尖。

2. 只在纸的一面绘图,图在绘图纸上的布局要合理。一般较大的图每页绘一个;同一类的小图可以绘在一张纸上。绘图大小要适宜,位置略偏左,右边留着注图。

3. 具有高度的科学性,不得有科学性错误。形态结构要准确,比例要正确,要

求真实感,实事求是。

4. 生物绘图一般采用点线法,即图形是由点和线组成。绘图的线条,要光滑、匀称,一笔完成,不要重复描绘。以点的密度表示深浅,打点时铅笔尖要垂直纸面,大小一致,密度均匀。

5. 绘图的图注写在图的右侧,字体用正楷,大小要均匀,不能潦草。注图线用直尺画出,间隔要均匀,图注部分接近时可用折线,但注图线之间不能交叉,图注要尽量排列整齐。

6. 在图的下方写上图的名称和必要的注明,如绘显微结构图,须注明放大倍数(目镜放大倍数×物镜放大倍数)。

四、生物学图表的制作

绝大多数的生物学实验过程中出现的实验现象或实验结果往往需要用图或表的形式来表示。这样可以更清晰明确地表达实验结果。

1. 用图表示实验结果。许多图需要自己绘制,一般常以柱形图高度表达非连续性数据的大小;以线图、直方图或散点图表达连续性或计量数据的变化。如果实验结果是描记图,需要将原始记录进行合理的剪贴、加工,不得将记录原封不动地贴在实验报告上。图号、图名、图注及必要的文字说明写在图的下方。

2. 用表格表示实验结果。表格的两端是开放而不是封口。表号、表名写在表的上方,表的底下方加必要的表注。在生物学的科技期刊中表示实验结果的表格,一般采用"三线表"。三线表由顶线、项目线和底线构成表格的栏头、表身(表1-1)。凡是定量测量资料,均应以正确的单位和数值准确地写在实验报告上。

五、实验报告的撰写

不同类型的实验,实验报告的书写格式和书写要求不完全一样。

1. 形态观察类实验的实验报告格式及说明

班级:_____　　姓名:_____　　学号:_____

实验×　　实验名称

一、实验目的

二、实验内容(和实验方法)

三、实验结果

形态观察类实验的实验步骤要求简洁明了,实验结果的记录方法有两种类型:一是用文字来表述所观察的实验现象;二是有时为了清晰明确地表达实验结果,可以用表格来表示(表1-1)。

表 1-1 根尖的结构

观察内容	位置	结构特点
根冠		
分生区		
伸长区		
根毛区		

形态观察类实验的实验结果还可用生物绘图来表示。由于生物绘图费时、费力,如果实验结果全部用绘图来表示,往往需要花费大量的时间,而形态类的教学实验,实验过程的核心是完成实验观察,同学们不能把主要时间安排在绘图上,因此,教师往往会根据实验情况,安排学生绘适量的图。

2. 非形态观察类实验的实验报告格式及说明

班级:_____ 姓名:_____ 学号:_____

实验× 实验名称

一、实验目的

二、实验材料和方法

三、实验结果

四、分析和讨论

五、结论

实验方法应简洁,常规方法不需要详细写出;如果是自行设计的新方法,需要详细写出。

实验结果是实验报告的重要部分。不能把实验的原始数据简单地罗列到实验报告上,必须对实验数据进行适当的分析处理,进行确当的文字描述或以图表表示。

分析和讨论是根据所学的理论知识,对实验结果进行科学的分析和解释,并判断实验结果是否与理论相符。如果出现矛盾,应分析其中原因。讨论是实验报告的核心部分,必须独立完成。

结论是从实验结果和讨论中归纳出来的有高度概括性的结语。结论的文字应重点突出,简明扼要。有些实验报告可以没有结论。

3. 探索研究性实验的实验报告格式及说明

课题名称

姓名

摘要

关键词

0 引言

1 材料和方法

2 实验结果

3 分析与讨论

4 结论

参考文献

探索研究性实验的实验报告和研究性论文要求一致。

摘要和关键词主要是在论文发表时,为文献检索服务的,读者可以用关键词通过搜索系统搜索到该文献,通过阅读该文献的摘要,了解其主要信息,以确定是否需要进一步阅读整篇文献。摘要是独立完整的、第三人称的报道性短文,内容包括研究目的、研究方法、主要结果和结论。关键词为能反映论文主题和内容的规范性的名词术语,关键词可选用 3～10 个,一般为 3～5 个。作为非发表的探索研究性的实验报告可以省略摘要和关键词。

引言、材料和方法、实验结果、分析和讨论要求同上述非形态观察类实验的实验报告格式的说明。引言相当于实验目的。

参考文献是探索研究性实验报告的必备内容,列出直接阅读的对本研究有影响的参考文献。不同的科技期刊对参考文献的引用格式有不同的要求,可参考中华人民共和国国家标准 GB7714—2005《文后参考文献著录规则》。

第二章　基础性实验

实验一　光学显微镜的构造及其使用

一、实验目的

了解普通光学显微镜的构造;初步掌握显微镜的使用方法。

二、实验器材

普通光学显微镜,纱布,擦镜纸,组织学切片。

三、实验观察及操作

(一)显微镜的基本结构

光学显微镜由机械部分和光学系统两大部分组成(图2-1,图2-2)。

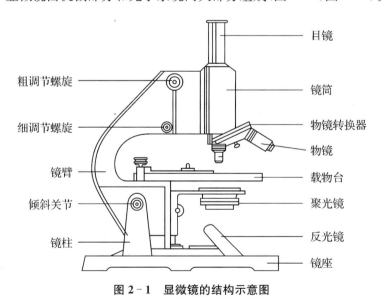

图2-1　显微镜的结构示意图

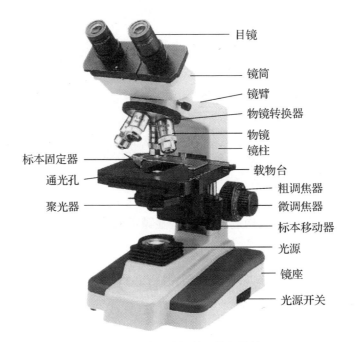

目镜

镜筒

镜臂

物镜转换器

物镜

镜柱

标本固定器

载物台

通光孔

粗调焦器

聚光器

微调焦器

标本移动器

光源

镜座

光源开关

图 2 - 2　内置光源的双筒显微镜

1. 机械装置

（1）镜座　位于显微镜底部，用来支持整个镜体，使显微镜放置稳固。含内置照明系统的显微镜，其电源变压器、调压器和光源均安装在镜座内。

（2）镜臂　是固定镜筒的结构，下连镜座，上连镜筒，也是取放显微镜时手握的部位。镜臂有固定式和活动式两种，现在主要为固定式。

（3）镜筒　筒状结构，上接目镜，下连物镜转换器。镜筒有单筒和双筒两种。双筒中的一个或两个目镜接头处有屈光度调节装置（视度圈），用于两眼视力不同时调节；两目镜的相对距离也可根据观察者的两眼瞳距而调节。

（4）物镜转换器　为一个连在镜筒下方的可以转动的圆盘，其上一般可安装3～4个物镜，转动旋转器可换用不同放大倍数的物镜。

（5）载物台　又称镜台，是载放标本的地方，其中央有一个通光孔，以通过照明光线，照亮标本。载物台上装有标本固定器，老式显微镜的固定器是两个金属弹性压片，现在的显微镜是标本移动器，既能固定标本，也能移动标本的位置，便于观察。移动器上有标尺，根据上面的刻度，可确定标本的位置。

（6）调焦装置　是调节物镜与标本间距离的装置，位于镜臂上。有粗调焦器和微调焦器两种，利用它们可使物镜或载物台上下移动，以得到清晰的图像。现在的显微镜的粗调焦器和微调焦器是共轴式的，两者组合在一起，外圈粗的螺旋为粗调焦器，中央细的为微调焦器。

（7）聚光器调节旋钮　在镜臂的一侧，旋转它，可使位于载物台通光孔下方的

聚光器的位置上下移动,以改变光线的入射角度,调节光的强度。

2. 光学系统

由成像系统和照明系统组成。成像系统包括物镜和目镜,照明系统包括光源(自然光用反光镜,内光源用照明灯泡)、聚光器等。

(1) 物镜　安装在镜筒下端的物镜转换器上,因接近被观察的物体而称接物镜,简称物镜。物镜是决定成像质量和分辨能力的主要部件,其作用是将物体作第一次放大,其成像是一个放大的倒立的实像。

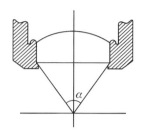

图 2－3　物镜的镜口角

物镜的性能可以以物镜外壳上标示的数值口径(Numerical Aperture,简写 NA)大小来表示。NA 是指物镜前透镜与被检物体之间的折射率(η)和镜口角(α,图2－3)一半的正弦值的乘积,用公式表示为:

$$NA = \eta \sin(\alpha/2)$$

NA 的大小是衡量一台显微镜分辨率强弱的依据。分辨率是指显微镜分辨两物体之间最小距离的能力,用 S 表示。S 与 NA 及光波波长(λ)有关,用公式表示为:

$$S = \lambda/(2 \cdot NA)$$

可见,NA 越大,λ 值越小,则 S 值越小,分辨率越高。提高分辨率的措施有:

①选择波长较短的光源:在使用可见光做光源时,可加蓝色滤光片。可见光的光波波长限制了显微镜的分辨率的提高,主要是因为当两点之间的距离小到一定程度时(与波长相关),这两点上发出的光就会发生干涉现象,从而无法分辨出这两点。

②增大物镜的镜口角 α:但 α 的极限值为 $180°$。

③增加介质折射率 η:改变折射率可明显改变 NA 的值(空气的折射率为1.0,水的为1.33,玻璃的为1.52,香柏油的为1.51)。

根据物镜与被检物之间可使用的介质不同,可将物镜分为干燥系物镜和油浸系物镜。

干燥系物镜:以空气为介质,$NA<1$。

油浸系物镜:以香柏油或石蜡油为介质,这种物镜又叫油镜,$NA>1$。油镜上一般有"OIL"或"OEL"字样。

物镜外壳上还有其他参数,如"40/0.65,160/0.17",它们分别表示放大倍数(40×)、数值口径(0.65)、物镜所要求的镜筒长度(160 cm)和盖玻片的厚度(0.17 mm)。

(2) 目镜　装于镜筒上端,由两块透镜组成,上端的称"接目镜",下端的称"场镜"。上下透镜之间或在两个透镜的下方,装有由金属制成的环状光阑,或称"视场光阑",物镜放大后的像就落在视场光阑平面处,其上可安放目镜测微尺。

目镜的作用是将物镜放大所成的像再次放大,但不增加分辨率。目镜上标有5×、10×、16×等放大倍数,可根据需要选用。

(3)聚光器 也叫集光器,安装在显微镜载物台下,一般由2到3块凸透镜组成。其功能是将从光源射来的平行光线集中在一点,以增强照明亮度,使物像清晰,提高分辨率。聚光器由聚光镜和可变光阑组成。聚光镜的数值口径是其主要参数,它有一定的可变范围,但原则上与物镜的数值口径一致。聚光镜的数值口径在一定范围内可通过可变光阑加以调节,以适应不同物镜的需要。可变光阑也叫光圈或孔径光阑,其作用是控制光束的大小,调节光强度和使聚光镜的数据口径与物镜的数值口径相适应。可变光阑的开大和缩小影响着成像的分辨率和反差,应随物镜的转换来调节,避免散射光的干扰。在可变光阑的下面,还装有一个滤光片托架,可放置滤光片,改变光线成分,提高镜检效果。聚光器的高度可以上下调节,以使焦点落在被检物体上,得到最适亮度。

(4)反光镜和内照明灯泡 反光镜是普通显微镜的采光设备。它常有两个面,一面是平面镜,一面是凹面镜,安装在弧弓上,可自由翻转,以使光线射向聚光器,光线强时用平面镜,光线弱时用凹面镜。内置光源的显微镜可不用反光镜或没有反光镜,而在镜座上设有照明灯泡和集光器。

(二)光学显微镜的成像原理

显微镜的物镜和目镜各由若干片透镜组成,但可以看成是一个凸透镜。根据凸透镜成像原理,光线自聚光器向上透过实验标本(标本应是透明的)进入物镜,然后在目镜的焦点平面(光阑部位)形成了一个经第一次放大的倒置实像。此像经过目镜的进一步放大到达眼球视网膜。这样,我们最后看到的物像,是经两次放大的、方向相反的倒置虚像。自眼球到放大虚像间的距离叫明视距离,其长度为250 mm,这是明视野普通显微镜中物像的最适距离。

显微镜的总放大倍数是目镜的放大倍数与物镜放大倍数的乘积。

(三)显微镜的使用

1. 取镜与放置

从镜盒中取出显微镜。取镜时右手握住镜臂,左手托住镜座,保持镜体直立,不可倾斜,禁止单手提镜。放置桌上时,动作要轻,一般应放在座位左侧,距桌边5~6 cm处,以便于观察和绘图记录及防止掉落。在移动显微镜时不要拖动。

2. 光轴对正

照明光束应与显微镜的光轴合一,使光线均匀地照明视场。镜检前,光路要合轴调整,使照明光束与显微镜的光轴在同一轴线上。光路系统中的目镜、物镜和视场光阑位置固定,仅聚光器可调。因此,光路合轴实为聚光器和光源的调中。

采用反光镜采外光源时,一般用由窗口进入室内的散射光或用日光灯作为光源。对光时,转动聚光器的升降旋钮,把聚光器升至最高位置,用低倍物镜正对通光孔,然后从目镜向下注视,同时转动反光镜,使光线反射入视野,然后用聚光器调

节光的强度,使视野中的光线均匀、明亮但不刺眼。

采用镜内光源时,只需要接通电源,打开开关,即可通过调节灯泡亮度来调节光的强度。

3. 标本观察

在光轴对正后,把标本放在载物台上,夹好载玻片,使标本位于正对通光孔中央的位置,然后进行观察。

观察任何标本都必须按物镜放大倍数由低到高的顺序进行,先用低倍镜观察。因为低倍镜视野大,易于发现和确定观察目标。找到要观察的目标后,再将目标移至视野中央,换用高倍镜观察。

(1)低倍镜的使用

①调整焦距:两眼从侧面注视物镜,慢慢转动粗调旋钮,使镜筒徐徐下降或载物台慢慢上升,直至物镜距载玻片 5 mm 处。然后通过目镜观察视野,并同时使镜筒缓缓上升或载物台慢慢下降,直到看清物像为止(注意:不要反向操作,以免压碎玻片,损伤物镜)。如果一次调节没看到物像,应重复上述操作,直到看到物像并且清晰为止。为了使物像更清晰,可转动微调旋钮,直至物像最清晰为止。

目前新式的显微镜,可以通过移动载物台来调焦,其聚焦点往往就是载物台所能移动的最大距离处,因此调焦时,只需要上移载物台至不能动处,即可看到物像,然后调节微调旋钮至物像最清晰。

②低倍镜观察:焦点调好后,可根据情况调节聚光器,使视野亮度、反差适宜,然后根据标本材料的厚薄、颜色等移动玻片,将要观察的最理想的部分移到视野中央进行观察。

(2)高倍镜的使用 在低倍镜的基础上,将要进一步观察的目标移至视野正中央,然后移动物镜转换器,将低倍物镜换成高倍物镜。若物镜转换时压到玻片,应先将镜筒提起或降低镜台,再转换镜头,然后将镜筒慢慢下降或升高载物台,直至物镜头几乎与玻片接触为止,然后一边通过目镜观察,一边转动粗调旋钮使镜台缓慢下降或镜筒慢慢上升,拉大物镜与标本之间的距离,直到看见物像,然后用微调旋钮调节至物像清晰。不可反向操作。

能将高倍镜直接转换过来的,只需用微调旋钮略微调节,即可看清目标。

用高倍镜观察时视野变小,亮度减弱,要重新调节视野亮度及聚光器通光孔径。

(3)油镜的使用 在高倍镜观察的基础上,可用油镜进一步观察标本的细微结构。因为油镜工作距离非常短(一般在 0.2 mm 之内),因此使用油镜时要特别细心,必须按下列步骤操作。

①在高倍镜下,将所要观察的目标移至视野中央。

②用粗调旋钮将镜筒提升(或将载物台下降)约 2 cm,再转换油镜至通光孔位置。

③在玻片上被光线照亮的部位滴一滴香柏油。

④从侧面注视着,用粗调节旋钮将镜筒缓慢地下降(或载物台升起),使油镜浸入油中,并使镜头前透镜达到几乎接触玻片但不接触的位置。

⑤从接目镜观察,同时调节聚光器使视野亮度和反差适中,然后用粗调将镜筒向上慢慢提起(或镜台缓慢下降),拉大镜头与标本之间的距离。绝不能反向操作!当物像出现后改用微调调至物像最清晰。如果油镜镜头已离开油面而仍未见到物像,则应重复上述操作,直至看到物像为止。

⑥观察完毕,提升镜筒(或降下镜台),转动物镜转换器,使油镜偏位,然后用一张擦镜纸擦去镜头上的油,再用一张擦镜纸蘸少许二甲苯擦去镜头上残留的油迹,最后用一张擦镜纸擦去剩余的二甲苯(玻片上油的擦拭也可照此进行)。

4. 使用后整理

观察完毕,将各部分还原,转动物镜转换器,使物镜头不与通光孔相对,而是成八字形位置,再下降至最低,降下聚光器,反光镜与聚光器垂直,用纱布清洁镜台等机械部分,然后将显微镜放回。

(四)使用显微镜应注意的问题

1. 显微镜是精密仪器,使用时一定要严格按规程进行操作。

2. 要随时保持显微镜的清洁,不用时罩好,及时收回盒内。机械部分若有灰尘污垢,可用软纱布擦拭。光学部分若有污垢,须用毛刷拂去或用吸球吹去灰尘,再用擦镜纸轻轻擦拭,或蘸二甲苯擦拭。擦拭时由透镜中心向外擦拭,切忌用手指、纱布或其他粗硬材料擦抹。

3. 在使用单筒显微镜时,必须两眼睁开(一眼观察,一眼绘图),切勿紧闭一眼。

4. 标本一般需加盖盖玻片观察,制作带水或带药液的玻片标本时,必须先把两面擦干,再放到水平镜台上观察。

5. 如遇机件不灵或使用困难时,切不可用力扭动或自行处理,应立即报告老师。

6. 注意防潮。

四、思考题

1. 使用显微镜时如何调光线、调焦点?

2. 由低位物镜转高倍物镜时应注意什么?

3. 什么是分辨率? 怎样提高显微镜的分辨率?

实验二 植物组织中糖、脂肪和蛋白质的鉴定

一、实验目的

1. 了解植物组织中各种有机物的组成。
2. 掌握植物组织中糖、脂肪和蛋白质的定性鉴定方法。

二、实验原理

糖类在植物体内分布很广,大多数糖如五碳糖、六碳糖、蔗糖、多聚葡萄糖等能与蒽酮发生颜色反应。糖首先在硫酸作用下生成糖醛,糖醛再与蒽酮作用形成一种绿色络合物,络合物的颜色深浅与糖含量有定量的关系,可以用比色法进行定量测定。

脂肪物质在某些油料种子中含量丰富,利用苏丹染料在脂肪类物质中的溶解度大于其在溶剂中溶解度的原理,使染料大量进入脂肪类物质的结构中,并吸附在脂肪颗粒结构上而呈红色,用显微镜观察切片,即可看到脂肪的分布。

蛋白质是植物体重要的有机组成成分,是生命的物质基础。各种蛋白质所共有的颜色反应是双缩脲反应。蛋白质在碱性溶液中与硫酸铜反应生成紫色的络合物。

三、实验器材

新鲜植物叶片,花生种子,大豆种子,菜花。

水浴锅,烧杯,三角瓶,研钵,滤纸,载玻片,盖玻片,刀片,显微镜。

乙醚,饱和醋酸铅溶液,草酸钠,乙醇,海沙,10%的 NaOH 溶液,1%的 $CuSO_4$ 溶液,蒽酮试剂,苏丹染色液,苏木精染色液。

四、实验内容和方法

（一）糖类物质的鉴定

取 5 g 新鲜植物叶片放入研钵中,加乙醚少许,研细后加 30 ml 蒸馏水,倒入烧杯中,置 70℃水浴锅中保温 30 min,冷却后一滴一滴地加入饱和醋酸铅溶液,以除去蛋白质,直至不再形成白色沉淀为止。再加入蒸馏水 70 ml,过滤于事先加少量草酸钠粉末(0.2 g)的三角瓶中,以除去醋酸铅。再过滤一次,滤液即为糖提取液。

取试管 2 支,一管加 1 ml 提取液,另一管加 1 ml 蒸馏水作为对照,加蒽酮试剂 5 ml 混合,沸水浴 10 min,观察两管中的颜色变化,并作记录。

（二）脂肪类物质的鉴定

将浸泡后的大豆或花生种子徒手切片,将薄切片放在载玻片上,滴上苏丹染色

液,染色 10～30 min,用滤纸吸取染色液,分别用 70％的乙醇和蒸馏水洗涤,吸干后滴上苏木精溶液复染,30℃下染色 15 min,用吸水纸吸去染液,加上盖玻片,显微镜下观察脂类物质的颜色。

（三）蛋白质的鉴定

取吸胀后的大豆种子 5 g,放入研钵中,加蒸馏水少许,仔细研细,再加入 50 ml 蒸馏水,过滤,滤液即为含有蛋白质的大豆提取液。

取试管一支,加入大豆提取液 1 ml,再加入 5 滴 10％的 NaOH 溶液,摇匀,再加入 1 滴 1％的 $CuSO_4$ 溶液,摇动,观察颜色变化。

五、思考题

1. 应用蒽酮法测得的糖包括哪些类型?

2. 还有哪些定性测定糖的方法?

3. 蛋白质定性鉴定方法还有哪些?

附:试剂配方

1. 蒽酮试剂:1 g 蒽酮溶解于 1 000 ml 76％的硫酸中。

2. 苏丹染色液:0.1 g 苏丹Ⅲ或苏丹Ⅳ,溶于 50 ml 95％的乙醇中,加入 50 ml 甘油;也可用 0.25 g 苏丹Ⅲ或苏丹Ⅳ溶于 50 ml 70％的乙醇中。

3. 苏木精染色液:10 g 苏木精溶于 40 ml 50％的乙醇中。

实验三　细胞结构观察

一、实验目的

了解细胞的基本结构,掌握临时装片的制片方法。

二、实验器材

洋葱,番茄。

显微镜,载玻片,盖玻片,镊子,刀片,解剖针,牙签,吸水纸,0.9％的 NaCl 溶液。

三、实验内容和方法

（一）植物细胞的结构观察

1. 洋葱表皮细胞的观察

取一洁净载玻片,于载玻片中央加上一滴清水。取洋葱一个,剥下一片新鲜的

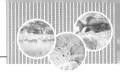

带紫色的肉质鳞叶,先用刀片从外表面(或内表面)切一个面积为 4 mm² 左右的方形小格,然后用镊子将表皮撕下,迅速放入载玻片上的小水滴中(表面向上),并使其平展,盖上盖玻片,即成临时装片。将装片放在显微镜下,用低倍镜观察细胞结构(图 2-4)。

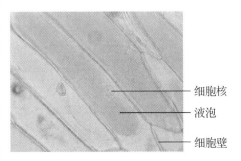

细胞核
液泡
细胞壁

图 2-4 洋葱表皮细胞

（1）细胞的形状　洋葱表皮由一层细胞构成,所有的细胞都有相似的形态——扁砖状。细胞之间排列紧密,没有间隙。

（2）细胞壁　为植物细胞所特有的结构,较透明,因此只能看到其侧壁。初看时,好像两个相邻细胞只有一层壁,但是,通过增加反差和仔细调焦就能发现这实际上是三层,即两侧相邻两细胞的细胞壁及中间的胞间层。

（3）细胞质　为无色透明的胶状物,充满整个细胞。由于中央有大的液泡,被挤成一薄层,分布于细胞周围,仅细胞两端较明显。

（4）细胞核　为球形小体。由于中央有大液泡,也被挤向近细胞壁处。

（5）细胞膜　非常薄,而且与细胞壁紧贴在一起,因此不易观察到。

（6）液泡　一个或几个,位于细胞中央,里面充满细胞液,所以比细胞质透明。

2. 果肉离散细胞观察

用解剖针挑取少许已经红熟的番茄果肉(以临近果皮的为好),把它们放在载玻片上的水滴中,用解剖针将果肉细胞拨匀,分散得越开越好,盖上盖玻片,在显微镜下观察。可以看到圆形或卵圆形的离散细胞,同样也可以观察到细胞壁、细胞核和很大的液泡。此外,还可以看到带色的圆形小颗粒,即有色体。

3. 质体的观察

质体是植物细胞特有的结构,在不同的细胞中具有不同的类型。

（1）白色体　多存在于植物体的幼嫩部分或不见光的细胞中,有些植物的表皮细胞中也有,但个体小。用白菜的白色菜心,撕取其幼叶或叶柄的表皮制成装片观察,可见核周围的透明颗粒状结构即是。

（2）叶绿体　含叶绿素的绿色质体,主要存在于植物体的绿色部分,尤其是叶片中。用葫芦藓、轮藻或黑藻的叶片直接制成临时装片观察。可见细胞中有许多绿色的椭圆形颗粒,即叶绿体。

（3）有色体　见上文番茄果肉细胞观察中的描述。

（二）动物细胞的结构观察

取一洁净的载玻片,于载玻片中央滴上一小滴 0.9% 的 NaCl 溶液。用清水漱口后,用牙签在自己的口腔颊部刮几下(不要用力过猛,以免损伤颊部),再在载玻片上的氯化钠溶液里轻轻搅动,然后盖上盖玻片,放在显微镜下观察。口腔上皮细

胞常数个连在一起,可清楚地观察到细胞核、细胞质和细胞膜。

上皮细胞薄而透明,因此,光线要暗些,以增加反差。

附:临时装片的制作

1. 擦净载玻片和盖玻片

擦载玻片 用左手的拇指和食指捏住载玻片的边缘,右手用纱布将载玻片上下两面包住,然后反复擦拭,擦好后放在干净处备用。

擦盖玻片 先用左手拇指和食指轻轻捏住盖玻片的一角,再用右手拇指和食指用纱布把盖玻片包住,然后从上下两面隔着纱布慢慢地进行擦拭。

2. 取样

用滴管滴一点水或其他溶液(根据需要)于载玻片的中央,把观察物放于载玻片上的液滴中,展开或摇匀。

3. 盖盖玻片

右手持镊子,轻轻夹住盖玻片的一角,使盖玻片的边缘与液滴的边缘接触,然后慢慢倾斜下落,最后平放于载玻片上,避免气泡的产生(图2-5)。如盖玻片下的液体过多,可用吸水纸将多余的液体吸掉。

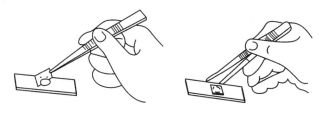

图2-5 盖盖玻片

四、思考题

植物细胞与动物细胞有哪些异同点?

实验四 细胞的大小测定及细胞计数

一、实验目的

熟悉测定细胞大小的方法,掌握运用血球计数板对游离细胞进行计数的方法。

二、实验原理

可用显微测微尺对细胞的大小进行测量。显微测微尺有目镜测微尺和镜台测

微尺。目镜测微尺,是一块圆形小玻片,可放入接目镜的隔板上,其中央有精确的等分刻度,将 5 mm 分成 50 小格或 100 小格两种。由于不同显微镜或不同的目镜和物镜组合放大倍数不同,目镜测微尺每小格在不同条件下所代表的实际长度也不一样。镜台测微尺是中央部分刻标准刻尺的载玻片,其尺度总长为 1 mm,精确分为 10 个大格,每个大格又分为 10 个小格,共 100 小格,每一小格长度为 0.01 mm,即 10 μm,镜台测微尺不能直接测量细胞的大小,其用于标定目镜测微尺每格所代表的实际长度。

利用血球计数板可在显微镜下对细胞悬液中的细胞数量进行统计,比如对血细胞进行计数,对微生物进行计数等等。血细胞计数板是一块特制的载玻片,其上由 4 条槽构成 3 个平台。中间较宽的平台又被一段横槽隔成两半,每一边的平台上各刻有一个方格网,每个方格网共分 9 个大方格,中间的大方格即为计数室。计数室的大方格中分割为中方格,中方格又分割为小方格,每一个大方格中的小方格共有 400 个(有两种类型的计数室,一种是 16×25,另外一种是 25×16)。每一个大方格边长为 1 mm,则每一个大方格的面积为 1 mm²,盖上盖玻片后,盖玻片与载玻片之间的高度为 0.1 mm,所以计数室的容积为 0.1 mm³(图 2-6)。计数时,通常是数 5 个中方格(25×16)或 4 个中方格(16×25)的细胞数,然后通过计算,求出一个大方格(0.1 mm³)中的细胞总数,再换算出单位体积液体中的细胞数。

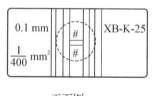

正面图

纵切面图

1. 血球计数板 2. 盖玻片 3. 计数室

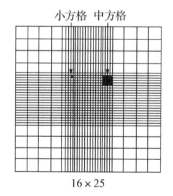

16×25

放大后的方格网(中间大方格为计数室)

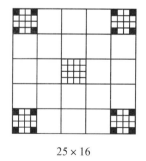

25×16

放大后的计数室

图 2-6　血球计数板的构造

三、实验器材

人血涂片,酵母菌混悬液。

目镜测微尺,镜台测微尺,血球计数板,盖玻片,吸管,显微镜。

四、实验内容和方法

(一)细胞大小的测定

1. 装目镜测微尺

取出接目镜,把目镜上的透镜片旋下,将目镜测微尺刻度朝下放在目镜镜筒内的隔板上,然后旋上目镜透镜,再将目镜插入镜筒内。

2. 目镜测微尺的标定

(1)放置镜台测微尺　将镜台测微尺刻度面朝上,放在显微镜载物台上。

(2)标定目镜测微尺　先用低倍镜观察,将镜台测微尺有刻度的部分移至视野中央,调节焦距,当清晰地看到镜台测微尺的刻度后,转动目镜,使目镜测微尺的刻度线与镜台测微尺的刻度线平行。再利用移动器移动镜台测微尺,使两尺的一端某一刻度线重合(或对齐),然后于另外一端找到另外一个重合(或对齐)的刻度线,然后分别数出并记录两重合线之间的镜台测微尺和目镜测微尺所占的格数(图2-7)。通过计算,可得出目镜测微尺每一小格所代表的实际长度。

计算方法:已知镜台测微尺每格长 10 μm,根据下列公式即可计算出在某个放大倍数下,目镜测微尺每格所代表的长度。

目镜测微尺每格长度(μm)=镜台测微尺格数×10÷目镜测微尺格数。

用同样的方法测定出高倍镜下的目镜测微尺每格所代表的长度。

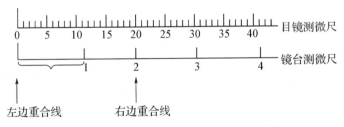

图 2-7　镜台测微尺标定目镜测微尺

根据图 2-7,可计算出,目镜测微尺的每一小格所代表的长度为:2×10 μm÷20=1 μm。

3. 血细胞大小的测定

目镜测微尺校正完毕后,取下镜台测微尺,换上人血涂片。先用低倍镜找到合适的视野后,换高倍镜,测量红细胞和各类白细胞的直径。测定时,通过转动目镜测微尺和移动载玻片,测出细胞的直径所占目镜测微尺的格数。最后将所测得的格数乘以目镜测微尺(高倍镜时)每格所代表的长度,即为细胞的大小(直径)。每种

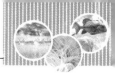

类型的细胞测 5~10 个,求其平均值。血涂片中,红细胞较多,无核,白细胞有核,共 5 种类型,分别是中性粒细胞、淋巴细胞、单核细胞、嗜酸性粒细胞和嗜碱性粒细胞(参看彩图 1),其中,嗜酸性粒细胞和嗜碱性粒细胞数目较少,较难寻找到足够的数目。

(二)细胞计数

1. 加样

将清洗、干燥的血球计数板盖上盖玻片,用吸管将适当浓度的酵母菌混悬液由盖玻片边缘滴入一小滴,不宜过多,让菌液延缝隙靠毛细渗透作用自行进入计数室。如果计数室内留有气泡或稀释液过多以致溢出室外凹沟中,都应换计数板,重新加样。

2. 计数

加样后,静置 2~3 min,在低倍镜下观察,细胞是否均匀分布,如果分布很不均匀,应重新加样。在低倍镜下,找到中央大方格,看清其划线后,即可高倍镜计数。

如果计数板是 25×16 型,计数 5 个中格,选择大方格的四个角的四个中方格和中间一个中方格来计数。如果计数板是 16×25 型,计数 4 个中格,选择位于大方格四角的中格。在每个中方格计数时,为了防止重复或遗漏,应按一定的顺序,即先自左向右数到最后一小格,下一行小格自右向左,再下一行又自左向右。对于分布于线上的细胞,计数左侧线和上方线上的细胞,即"数上不数下,数左不数右"。

3. 计算

共计数了 80 个小方格的细胞数,一个大方格有 400 个小方格,一个大方格的体积是 0.1 mm³,则 80 个小方格的体积是 0.02 mm³。细胞混悬液的细胞浓度为:(80 小格细胞总数÷0.02)×10⁶ 个/L。

五、思考题

1. 为什么更换不同放大倍数的目镜或物镜时,必须用镜台测微尺重新对目镜测微尺进行校正?

2. 在更换高倍物镜时,能否根据物镜的放大倍数的差异,直接计算出在高倍镜下的目镜测微尺每一刻度所代表的实际长度值?计算值和实测值有区别吗?

3. 根据你的体会,说明用血细胞计数板计数的误差主要来自哪些方面?应如何尽量减少误差,力求准确?

实验五　植物细胞质壁分离现象的观察

一、实验目的

观察植物细胞的质壁分离的产生过程。

二、实验原理

当植物细胞处于高渗溶液中时,细胞内的水分从细胞内流出,植物细胞的原生质和细胞壁发生分离,出现质壁分离现象。

三、实验器材

洋葱鳞茎。

显微镜,载玻片及盖玻片,烧杯,培养皿,镊子,刀片。

1 mol/L 蔗糖溶液。

四、实验内容和方法

1. 用蒸馏水和 1 mol/L 蔗糖溶液配制浓度分别为 0.10、0.15、0.20、0.25、0.30、0.35、0.40、0.45、0.50 mol/L 的蔗糖溶液各 50 ml。

2. 取带有色素的洋葱鳞茎下表皮,迅速分别投入装有不同浓度的蔗糖溶液的培养皿中,使其完全浸入 5～10 min。

3. 从 0.50 mol/L 开始依次取出表皮薄片放在滴有同样溶液的载玻片上,盖上盖玻片,于低倍镜下观察,如果所有细胞都产生质壁分离的现象,则取低浓度溶液中的表皮装片做同样的观察,并记录质壁分离的相对程度。

4. 在实验中确定一个引起半数以上细胞原生质刚刚从细胞壁的角隅上分离的浓度,和不引起质壁分离的最高浓度。

将结果记录于表 2-1 中。

表 2-1　洋葱鳞茎上皮细胞在不同浓度蔗糖溶液中质壁分离现象

蔗糖浓度(mol/L)	0.10	0.15	0.20	0.25	0.30	0.35	0.40	0.45	0.50
现象(%)									

五、思考题

如何根据你的实验结果确定细胞的等渗溶液?

实验六　叶绿体色素的提取及分离

一、实验目的

1. 了解叶绿素提取分离的原理,初步掌握提取和分离叶绿体中色素的方法。

2. 了解叶绿体中多种色素类型。

二、实验原理

叶绿体色素主要包括叶绿素 a、叶绿素 b、叶黄素和胡萝卜素,它们与类囊体膜蛋白结合成色素蛋白复合体而存在。叶绿体中的色素具有脂溶性特征,能溶解在丙酮以及乙醇、汽油、苯、石油醚等有机溶剂中。所以用丙酮等有机溶剂离析,可从植物材料中将其提取。

叶绿体各组分色素在层析液中溶解度不同,溶解度高的色素分子随层析液在滤纸条上扩散得快,溶解度低的色素分子随层析液在滤纸条上扩散得慢,因而可用层析液将不同的色素分离。

三、实验器材

新鲜绿色叶片。

天平,剪刀,药匙,研钵,滤纸,镊子,铅笔,直尺,量筒,试管,试管架,玻璃漏斗,称量纸,试管塞,毛细管,烧杯,培养皿盖。

SiO_2,$CaCO_3$,丙酮,层析液(石油醚、丙酮和苯按 20∶2∶1 体积比混合而成)。

四、实验内容和方法

1. 提取色素

称取 5 g 绿色叶片并剪碎,放入研钵,加入少量 SiO_2、$CaCO_3$ 和 5 ml 丙酮后,迅速研磨,漏斗过滤,将滤液收集到试管内并塞紧管口。

2. 制滤纸条

将干燥的滤纸剪成 6 cm 长、1 cm 宽的纸条,剪去一端两角(可使层析液同时到达滤液细线),在距剪角一端 1 cm 处用铅笔画线。

3. 滤液划线加样

用毛细管吸少量的滤液沿铅笔线处小心均匀地划一条滤液细线,干燥后重复划 2~3 次。

4. 层析

向烧杯中倒入 3 ml 层析液(以层析液不没及滤液细线为准),将滤纸条尖端朝下略微斜靠烧杯内壁,轻轻插入层析液中,用培养皿盖盖上烧杯。

5. 观察

滤纸条上出现四条宽度、颜色不同的彩带(图 2 - 8),记录各带的情况。

五、思考题

1. 研磨时加入二氧化硅和碳酸钙的作用是

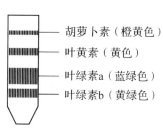

图 2 - 8　叶绿体色素层析带

胡萝卜素（橙黄色）
叶黄素（黄色）
叶绿素a（蓝绿色）
叶绿素b（黄绿色）

什么?

2. 思考并观察滤纸剪角与否、滤液加样线的粗细、层析液没入滤纸加样线与否,对层析结果的影响。

实验七　有丝分裂

一、实验目的

观察植物和动物细胞的有丝分裂,掌握各时期的分裂相特征。

二、实验器材

洋葱根尖永久切片,马蛔虫有丝分裂装片。
显微镜。

三、实验内容和方法

1. 植物细胞有丝分裂观察

取洋葱根尖切片,首先在低倍镜下寻找到根尖的分生区。选择有丝分裂各时期的典型细胞,分别移至视野中央,换高倍镜观察。

(1) 分裂间期　核大,有核膜包被,内部结构均一,可见异染色的核仁。

(2) 前期　此过程较长。首先在核内出现不均一状态(微丝、小块或颗粒),逐渐形成清晰的细丝——染色体。在前期结束时,核仁、核膜消失,染色体变粗变短。

(3) 中期　核膜、核仁消失,标志着中期的开始。此期,纺锤体形成,染色体聚集在细胞中央,其着丝粒排列在赤道面上,而姊妹染色单体伸展在赤道面两侧。此时是对染色体鉴定和计数的最好时期。

(4) 后期　着丝粒纵裂并在纺锤丝牵引下向两极移动。此时姊妹染色单体分开,分别随着着丝粒向两极移动,呈现 V 型、L 型、I 型等状态。

(5) 末期　移到两极后的染色体密集成一团并逐渐再成为均一状态,核膜核仁重新形成,产生两个新细胞核。与此同时,在赤道面处出现细胞板并向四周扩散,最后将细胞分开,形成两个子细胞。至此,细胞有丝分裂过程结束。

2. 动物细胞有丝分裂观察

取马蛔虫有丝分裂装片,先在低倍镜下找到细胞,然后换高倍镜观察。

(1) 前期　细胞核中央染色体浓缩成线状,仍有核仁。中心粒已分裂为二,向两极移动,中心粒周围出现星射线,并逐渐形成纺锤体。

(2) 中期　核膜、核仁消失,染色体排列在赤道面上,中心粒到达两极。此时纺锤体最大,染色体数目清楚。

（3）后期　染色体已纵裂为二,分别向两极移动。细胞中部出现凹陷。

（4）末期　中心体、纺锤体消失,染色体逐渐变细,成为染色质,细胞核膜、核仁重新出现。细胞逐渐从中部缢缩,形成两个子细胞。

四、思考题

植物细胞和动物细胞有丝分裂有何异同点?

实验八　动物组织

一、实验目的

观察并掌握动物四大基本组织的结构特点及功能。

二、实验器材

各种动物基本组织永久装片。
显微镜。

三、实验内容和方法

（一）上皮组织

1. 单层扁平上皮

取单层扁平上皮永久装片观察。细胞为多边形,细胞边界清晰,呈锯齿状,细胞核位于细胞中央。

2. 单层立方上皮

取甲状腺切片观察。甲状腺滤泡上皮由单层立方上皮构成。细胞核圆形,染成蓝紫色,位于细胞中央,细胞质染成粉红色,细胞界限隐约可见。

3. 单层柱状上皮

取小肠横切片观察。高倍镜观察小肠黏膜最内层的细胞为一层柱状细胞,核长椭圆形,染为蓝紫色,位于细胞近基底部。减弱光线,调节微调可见细胞游离面有一层粉红色的膜状结构,即纹状缘。在柱状细胞之间可见到散在分布的透亮的杯状细胞(图2-9)。

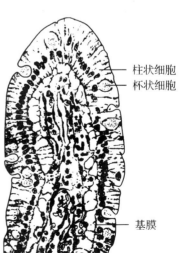

柱状细胞
杯状细胞

基膜

图2-9　单层柱状上皮(小肠绒毛)

4. 假复层纤毛柱状上皮

取气管横切片观察。低倍镜下管壁黏膜的最内层着色较深,细胞排列紧密,细胞核位置高低不等,细胞界限不清,其间夹杂着透亮的杯状细胞。高倍镜观察可见形态各异的四种细胞(图 2-10)。

图 2-10　假复层纤毛柱状上皮

(1) 锥形细胞　细胞呈锥体状,基部宽、顶部窄,顶端不能达到腔面。细胞核排列于整个上皮下部。

(2) 梭形细胞　细胞两端尖细,中间稍宽,细胞核排列于整个上皮中部。

(3) 柱状细胞　胞体抵达上皮游离面,细胞顶端有细微而整齐的纤毛,细胞核排列于整个上皮的上部。

(4) 杯状细胞　夹于柱状细胞之间,顶端无纤毛,细胞核排列于整个上皮中部。

5. 复层扁平上皮

取食管横切片观察。管壁黏膜最内层着色较深的十几层细胞组成的结构。其中接近表面的细胞为扁平状,中层为多角形细胞,最深层与结缔组织相邻的一层细胞呈矮柱状或立方形,细胞排列紧密(图 2-11)。

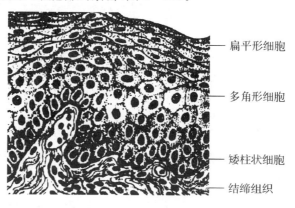

图 2-11　复层扁平上皮

（二）结缔组织

1. 疏松结缔组织

取疏松结缔组织平铺片观察。可观察到交叉成网的纤维和散在纤维之间的细胞。弹性纤维染成蓝色，细、有分枝，不成束，无波浪状弯曲，胶原纤维染成红色，成束，弯曲成波浪状。细胞有多种，其中分布最多的为纤维细胞或成纤维细胞，细胞核染色深而清晰，细胞质染色浅（甚至较难观察到）（图2-12，彩图2）。

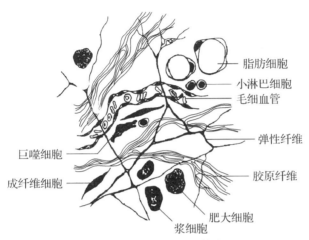

图2-12 疏松结缔组织模式图

2. 软骨组织

取透明软骨切片观察。可见染成蓝紫色的软骨基质和染成红色的位于陷窝内的细胞。在软骨中央部分的软骨细胞较大，呈圆形或卵圆形，经常2～4个成群存在。近边缘的软骨细胞较小而密，往往单个。软骨周围包有一层染成淡红色的软骨膜（图2-13）。

（三）肌肉组织

1. 骨骼肌

取骨骼肌纵横切片观察。低倍镜观察，找到纵切和横切的肌纤维（肌细胞），在肌纤维间有结缔组织。

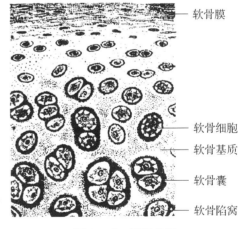

图2-13 透明软骨

（1）纵切面 肌细胞呈长柱状，外为肌细胞膜（肌膜），紧贴肌膜内方，有许多染成蓝紫色的卵圆形细胞核。肌原纤维沿肌纤维长轴排列。肌原纤维有明暗相间的横纹，染色深的为暗带，染色浅的为明带（彩图3）。

（2）横切面　肌纤维呈多边形或不规则圆形,外有肌膜,细胞核卵圆形紧贴肌膜内侧。肌原纤维呈小蓝点状。

2. 心肌

取心肌切片观察。纵切面上心肌纤维彼此分支吻合呈网,细胞短柱状,细胞核卵圆形,位于细胞中央。细胞联结处可见染色较深的横线,为闰盘。心肌细胞也具有明暗相间的条纹,但不如骨骼肌横纹明显(图 2 - 14)。

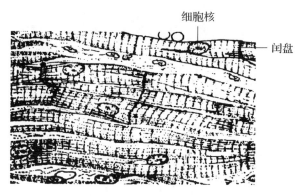

图 2 - 14　心肌纵切

3. 平滑肌

取小肠横切片观察。

小肠壁染色较红的部分为小肠壁的肌层,显微镜下可见肌层分内环、外纵两层。纵切面平滑肌纤维呈长梭形,细胞核呈长椭圆形或杆状,被染成蓝紫色,细胞质染成红色(图 2 - 15)。

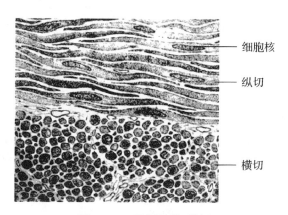

图 2 - 15　平滑肌纵、横切

（四）神经组织

取运动神经元装片观察。细胞被染成淡蓝色,胞体形状不规则。细胞核位于细胞中央,色浅,核仁清晰,着色深。细胞质内含有许多不规则染成深蓝色的小块,

即尼氏小体。从细胞体上发出许多突起,这些突起多为树突,其内的尼氏小体多为条状,轴突只有一个,轴突及轴丘内无尼氏小体。

四、思考题

1. 上皮组织有什么特点?
2. 结缔组织有什么特点?
3. 三种肌肉组织结构上有什么不同?

实验九 人体的消化系统和呼吸系统的解剖结构

一、实验目的

掌握人体消化系统和呼吸系统的组成及各器官的大体解剖结构。

二、实验器材

头部正中矢状切标本或模型,牙解剖模型,消化系统标本或模型,腹腔解剖标本或模型,肝标本或模型,胃标本或模型,喉及气管支气管标本或模型,肺标本或模型。

三、实验内容和方法

第一部分 消化系统解剖结构

(一)口腔

用头部正中矢状切标本或模型,也可用镜子对照自己的口腔观察和辨认。口腔前界为上、下口唇,后界与咽相通,两侧壁为颊,上壁为腭,腭分前部的硬腭和后部的软腭,下壁为口腔底,被舌所占据。口腔内面覆以黏膜。

1. 牙

分为切牙、尖牙、前磨牙和磨牙,每个牙都可分为牙冠、牙颈和牙根三部分。通过牙解剖模型观察牙的牙髓、牙本质和牙釉质。

2. 舌

位于口腔底。在舌的背面可见人字形的界沟把舌分成后 1/3 的舌根,前 2/3 的舌体,尖端为舌尖。活体观察,可见舌的表面形成许多黏膜突起,叫舌乳头。舌下面中间有一皱襞连于口腔底,叫舌系带。舌系带根部的两侧有一对圆形突起,叫舌下阜。

3. 腭

活体观察,分辨软腭和硬腭。在腭的游离缘中央有一圆形向下突起,为腭垂。腭垂两侧有两对弓形皱襞,前方为腭舌弓,向下延续于舌根;后方为腭咽弓,移行于咽壁。两弓之间的隐窝里有腭扁桃体。由软腭后缘、两侧腭舌弓和舌根共同围成口咽峡,与咽相通。

4. 唾液腺

腮腺形如三角形,在耳的前下方,位于皮下,其导管穿过颊肌开口于正对上颌第二磨牙的颊黏膜上。下颌下腺呈椭圆形,位于下颌骨体内面。舌下腺呈扁椭圆形,在舌下口腔黏膜深面。下颌下腺和舌下腺的导管共同开口于舌下阜。

(二) 咽

用头部正中矢状断面标本或模型观察。咽位于鼻腔、口腔和喉的后方,呈漏斗形、前后略扁的肌性管道。咽的上方接颅底,下方在第六颈椎下缘高度延续为食管。咽几乎没有前壁,经鼻后孔、口咽峡、喉口分别与鼻腔、口腔和喉腔相通。依据咽与上述部分的通路可分为鼻咽部、口咽部和喉咽部。

1. 鼻咽部

在此部侧壁上相当于下鼻甲的后方,左右各有一个咽鼓管咽口,此口通过咽鼓管与鼓室相通。在此部的后壁有成堆较为发达的淋巴组织,叫咽扁桃体。在咽鼓管咽口周围也有类似的淋巴组织,为咽鼓管扁桃体。

2. 口咽部

为咽的中间部,在口咽峡后方,软腭平面和会厌上缘之间。

3. 喉咽部

为咽的下部,较为狭窄。喉咽部前方正对喉与喉口。

(三) 食管

用食管标本或模型观察食管的形态、位置和分段。食管是一条肌性管道,在脊柱前方,气管的后方。上端和喉咽部相接,下端经膈的食管裂孔进入腹腔,延续于胃的贲门部。食管可分为颈段、胸段和腹段,全长 25 cm。有三处狭窄部,第一狭窄部在食管起始部(平第六颈椎下缘),第二处在食管与左支气管交叉处(相当于胸骨角),第三处在食管裂孔处(平第十胸椎体)。

(四) 胃

用腹腔解剖标本(或模型)及胃的离体标本或模型观察。胃的上端接食管腹段,下端接十二指肠。胃的大部分位于左季肋部,一小部分位于腹上部。

胃的入口叫贲门,出口叫幽门。胃可分四部,近贲门的部分叫贲门部;贲门部向上膨出的部分叫胃底;胃的中部叫胃体;胃的下端与十二指肠连接的部分叫幽门部。胃又可分为前壁和后壁、上缘与下缘。上缘较短叫胃小弯,下缘较长叫胃大弯。

胃的黏膜表面有许多小沟交织成网状,分隔黏膜成许多小区,为胃区。胃黏膜

在胃小弯处形成几条纵皱襞,其他部分为不规则的皱襞。在幽门处由于幽门括约肌发达使黏膜呈环形的幽门瓣。

（五）小肠

用腹腔解剖标本(模型)或消化系统模型观察。小肠为消化管最长的一段,全长 5～7 m,盘曲于腹腔中部和下部。小肠分十二指肠、空肠和回肠三部。

十二指肠呈蹄铁形,包绕胰头,可分为上部、降部、水平部和升部。空肠和回肠之间没有明显的界线,空肠占 2/5,位于左腰部和脐部,回肠占 3/5,位于脐部和右腹股沟部。

（六）大肠

用腹腔解剖标本(模型)或消化系统模型观察。大肠全长 1.5 m,分为盲肠、结肠和直肠三部分。大肠在外部形态上有三个特点,一是由肠壁纵行肌增厚形成与大肠纵轴相平行的三条结肠带;二是由于三条结肠带短于肠管的长度使肠管皱起形成囊状的结肠袋;三是在结肠带附近有大小不等的脂肪突起,叫肠脂垂。

1. 盲肠

位于右髂窝,为向下方突出的盲囊。其后下端附有蚓突(阑尾),长度因人而异,一般为 7～9 cm,多数有弯曲。回肠末端突入盲肠,其开口为回盲口,口的上下两缘各有一个半月形的皱襞为回盲瓣。

2. 结肠

围绕小肠周围,介于盲肠和直肠之间,可分为升结肠、横结肠、降结肠和乙状结肠四部分。

3. 直肠

位于盆腔内,上端接乙状结肠,下端终止于肛门。

（七）肝和胆囊

1. 肝

用腹腔解剖标本(模型)和离体肝模型观察。肝占满了整个右季肋区和腹上部的大部分,其左端还有一小部分达到左季肋区。肝呈楔形,右端粗大而圆钝,左端细小,分上、下两面,前、后、左、右四缘。上面凸隆与膈接触,称膈面;在其表面借镰状韧带分为左右两叶,左叶小而薄,右叶大而厚。下面与脏器接触成脏面。前缘的右侧有一缺口,露出胆囊。肝的脏面中间有一横行凹陷的肝门,可分辨由此进出的肝动脉、肝管、门静脉和神经。肝门两侧各有一纵沟,左纵沟内有肝圆韧带和静脉韧带,右纵沟内有胆囊和下腔静脉。肝的脏面由以上一个横沟和左右纵沟分成左叶、右叶、尾状叶和方叶。

2. 胆囊

紧贴在肝下面的胆囊窝内,其上面借结缔组织与肝联结,易于分离。胆囊呈梨形,可分底、体、颈和胆囊管。胆囊管与肝总管汇合成胆总管开口于十二指肠大乳头。

（八）胰

用腹腔解剖标本（模型）观察。胰在胃的后方，横位于腹腔后壁的上部。胰的形状似细长的三棱柱形。可分头、体、尾三部分。胰头被包绕在十二指肠"C"字形的凹槽内，胰体占胰的大部，胰尾伸达脾门。胰管与胆总管汇合开口于十二指肠大乳头。

第二部分　呼吸系统解剖结构

（一）鼻腔及鼻旁窦

用人头颈部正中矢状切标本或模型，鼻腔解剖模型，结合颅骨标本或模型观察。

1. 鼻腔

由鼻中隔分为左右两半。前部（相当于鼻翼遮盖部分）为鼻前庭，其后为固有鼻腔，经鼻后孔与鼻咽部相通。固有鼻腔外侧壁自上而下有上、中、下鼻甲，各鼻甲下方依次为上、中、下鼻道。上、中鼻道有鼻旁窦的开口，下鼻道前部有鼻泪管的开口。

2. 鼻旁窦

为鼻腔周围骨中含有空气的腔，包括上颌窦、额窦、蝶窦和筛窦。它们均与鼻腔相通，开口于鼻窦。

（二）咽

见上文。

（三）喉

用人喉解剖标本或模型及喉软骨模型观察。喉上通咽部，下接气管，由软骨构成支架，借关节、韧带、喉肌联结，内面衬以黏膜构成。

1. 喉软骨

喉软骨有甲状软骨、环状软骨、会厌软骨和杓状软骨。甲状软骨由两块方板联结而成，其隆起部分叫喉结，男性特别明显；环状软骨形似指环，位于甲状软骨与气管之间；会厌软骨呈圆叶形，在喉的上方形成喉盖；杓状软骨位于环状软骨板的上方，一对，呈三角锥体形，底向下与环状软骨形成关节。

2. 喉肌

喉肌根据其功能可分为两组肌群，即使声门开大或缩小的肌群和使声带紧张或松弛的肌群。

（1）使声门开大或缩小的肌群

①环杓后肌：起于环状软骨后面，止于杓状软骨的肌突。

②环杓侧肌：起于环状软骨侧面，止于杓状软骨的肌突。

（2）使声带紧张或松弛的肌群

①环甲肌：起于环状软骨前外侧，止于甲状软骨下缘。

②甲杓肌（声带肌）：起于甲状软骨前角的内面，止于杓状软骨的外侧面和声带突。

3．喉腔

喉腔中部侧壁有两对矢状位的黏膜皱襞，上一对叫室襞，下一对叫声襞（声带），声襞之间的裂隙叫声门裂。

（四）气管、支气管

用气管、支气管及肺的解剖标本或模型观察。气管由 15～20 个半环形软骨和其间的结缔组织组成，内衬有黏膜。气管上接环状软骨，在食管前方垂直下降，入胸腔后在第二肋骨平面分为左右支气管入肺。右支气管短粗，较为陡直，几乎成为气管的直接延续。左支气管细长，较倾斜。

（五）肺

用人的胸腔、肺解剖标本或模型观察。左右两肺位于胸腔内，中间隔以纵隔。肺呈半圆锥形，上端为肺尖，下端为肺底。肺尖突向颈根部，高出胸廓上口 2～3 cm。肺底位于膈肌上面。两肺内侧面中间有一凹陷叫肺门。肺门是神经、血管、淋巴管和支气管出入处，周围有许多肺门淋巴结。

左肺分为上、下两叶，右肺分上、中、下三叶。肺的表面遮盖有一层浆膜，为胸膜脏层。肺表面可见很多多角形小区，每一个小区相当于一个肺小叶。成人肺呈深灰色，并混有许多黑色斑点。

四、思考题

1．人的消化系统是怎样组成的？
2．为什么说小肠是消化吸收的主要场所？
3．鼻腔有哪些功能？
4．喉的哪些结构与发音有关？

实验十　ABO 血型鉴定

一、实验目的

学习辨别血型的方法；观察红细胞凝集现象，掌握 ABO 血型鉴定的原理。

二、实验原理

ABO 血型系统是根据红细胞膜外表面存在的特异抗原来划分的，这种抗原（或凝集原）是由遗传决定的。抗体或凝集素存在于血浆（血清）中，它与红细胞的不同抗原起反应，产生凝集，最后溶解。由于这种现象，临床上在输血前必须注意鉴

定血型,以确保安全输血。

三、实验器材

载玻片,刺血针,牙签,乙醇棉球。
单抗抗 A 和抗 B。

四、实验内容和方法

1. 取一块清洁的载玻片,用蜡笔划上记号,左上角写 A,右上角写 B。

2. 在载玻片的左侧加 1 小滴抗 A,在右侧加一小滴抗 B。

3. 穿刺手指取血,玻片的每侧各放入一小滴血,用牙签搅拌,使每侧抗血清和血液混合,每边各用一牙签,切勿混用。

4. 静置室温下 10～15 min 后,观察有无凝集现象。假如只是 A 侧发生凝集,则为 A 型,假如只是 B 侧发生凝集,则为 B 型,如果 A、B 两侧都发生凝集,则为 AB 型,如果 A、B 两侧都不发生凝集,则为 O 型。这种凝集反应的强度因人而异,所以有时需要借助显微镜才能确定是否出现凝集。另外,气温低的时候,发生凝集反应的时间延长,可适当加温,促进凝集反应的发生。

五、思考题

1. 根据自己的血型,说明你能接受和输血给何种血型的人,为什么?

2. 如何区别血液的凝集和凝固,其机制是否一样?

实验十一　人体动脉血压的测定

一、实验目的

学习并掌握人体间接测压法的原理和方法。

二、实验原理

测定人体动脉血压最常用的方法是间接测压法,使用血压计在动脉外加压,根据血管音的变化来测量动脉血压。通常血液在血管内流动时并没有声音,但如给血管以压力而使血管变窄形成血液涡流时则可发生声音(血管音)。用压脉带在上臂给肱动脉加压,当外加压力超过动脉的收缩压时,动脉血流完全被阻断,此时用听诊器在肱动脉处听不到任何声音。如外加压力低于动脉内的收缩压而高于舒张压时,则在一个心动周期中,动脉内时有血液通过,时无血液通过,血液断续地通过血管,形成涡流而发出声音。当外加压力等于或小于舒张压时,则血管内的血流连

续通过,所发出声音的音调突然降低或消失。故恰好可以完全阻断血流所必需的最小的管外压力相当于收缩压。在心舒张时有少许血流通过的最大管外压力相当于舒张压。

三、实验器材

血压计,听诊器。

四、实验内容和方法

1. 受试者脱左臂衣袖,静坐 5 min。
2. 松开打气球上的螺丝,将压脉带内的空气完全放出,再将螺丝扭紧。
3. 将压脉带裹于左上臂,其下缘应在肘关节上约 3 cm 处,松紧应适宜。受试者手掌向上平放于台上,压脉带应与心脏同一水平。
4. 在肘窝部找到动脉搏动处,左手持听诊器的胸具置于其上。不可用力下压。
5. 听取血管音变化

右手持打气球,向压脉带打气加压,此时注意倾听声音变化,在声音消失后再加压 30 mmHg,然后扭开打气球,缓慢放气,此时可听到血管音的一系列变化,声音从无到有,由低而高,而后突然变低,最后完全消失。反复听取血管音 2～3 次。

6. 测量动脉血压

重复上一操作,同时注意检压计的水银柱和声音变化,在徐徐放气减压时,第一次听到血管音的水银柱高度即代表收缩压。在血管音突然由强变弱时的水银柱高度即代表舒张压,记下测定数值后,将压脉带内的空气放尽,使压力降至零,再测 1 次。记录结果。

五、思考题

哪些因素可以影响血压测量值?

实验十二　血液微循环的观察

一、实验目的

通过对蛙类肠系膜的观察,了解微循环部分血管(包括外周部分小动脉、毛细血管和小静脉)的血流情况和特点。

二、实验原理

微循环为器官组织中微动脉和微静脉之间的血液循环部分,它是心血管系统

与组织细胞间直接接触并进行物质、能量和信息交换的场所。微动脉和微静脉之间的血管,构成了微循环的功能单位。根据血管口径的粗细、管壁厚度、分支情况、血流方向等可区分出微动脉、微静脉、毛细血管。

蛙类的肠系膜、舌、后肢足蹼及膀胱壁等部位的组织较薄,适于直接观察微循环情况。

三、实验器材

蟾蜍。

显微镜,蛙类手术器械 1 套,有孔蛙板(孔径 2.5～3 cm),大头针。

任氏液。

四、实验内容和方法

(一)手术

1. 毁蟾蜍的脑和脊髓

取蟾蜍 1 只,用左手握住,使其背部向上。用拇指压住蟾蜍的背部,食指按压其头部前端,使其尽量前俯,右手持毁髓针,由两眼之间沿中线向下触划,触及凹陷处即为枕骨大孔。将毁髓针垂直刺入枕骨大孔,进入椎管后,将针尖改变方向,向前刺入颅腔内,向各个方向不断搅动,彻底捣毁脑组织后,再将探针原路退出,刺向尾侧,捻动探针使其刺入整个椎管内,捣毁脊髓。

2. 暴露腹腔肠系膜

将蟾蜍背位固定于蛙板上,在其腹壁上作 3～4 cm 纵切口,轻轻拉出一段肠管,将肠系膜展开,用大头针把肠系膜固定在蛙板的孔上方。

整个手术过程,避免出血,固定时,不要牵引过紧,为防止干燥,要经常以任氏液湿润肠系膜。

(二)观察

在低倍显微镜下,分辨小动脉,小静脉和毛细血管,观察其中的血流速度、特征以及血细胞在血管内的流动情况。

1. 小动脉

管壁厚,血液呈鲜红色。血液从主干流向分支,流速快而不均匀,有时可见脉搏样搏动。红细胞在血管内呈现轴流现象。

2. 小静脉

管壁薄,血液呈暗红色。血流由分支汇流入主干。流速较小动脉慢,比毛细血管血流快。无搏动和轴流现象。

3. 毛细血管

透明,血液色淡,红黄透亮。血液流速慢而均匀,无搏动。在高倍显微镜下可清晰见到最细的毛细血管中单个红细胞缓慢流动。

五、思考题

1. 为什么动脉血管内血流速度最快,而毛细血管内血流速度最慢?
2. 为什么肠系膜是观察微循环的最常用部位?哪些部位还可以作为观察对象?

实验十三　抗原抗体反应

一　实验目的

观察抗原抗体反应的现象。

二、实验原理

抗原和相应的抗体在体外一定条件下相互作用后,能出现肉眼可见的反应。由于抗体主要存在于免疫血清中,通常采用含有抗体的血清作为实验材料。所以,体外抗原—抗体反应通常叫做血清学反应。血清学反应的基本组分除抗原及相应的抗体外,尚需加入电解质(一般用生理盐水),用以消除抗体结合物表面的电荷,使其失去同电相斥的作用而转变为相互吸引,否则很难聚合成明显的肉眼可见的凝集块。

三、实验器材

大肠杆菌琼脂斜面培养物,大肠杆菌悬液(每毫升含 9 亿大肠杆菌)。
玻片,小试管,吸管,试管架,水浴锅。
大肠杆菌免疫血清,生理盐水(0.9% NaCl 溶液)。

四、实验内容和方法

(一)玻片凝集法

1. 在玻片一端加 1 滴 1:10 大肠杆菌免疫血清(事先用生理盐水稀释);另一端加 1 滴生理盐水。

2. 用接种环从大肠杆菌琼脂斜面上挑取少许细菌混入生理盐水内,摇匀;同法挑取少许细菌混入血清内,摇匀。

3. 将玻片静置 1~3 min 后观察。一端出现凝集块,另一端仍呈现均匀浑浊(图 2-16)。将实验结果记录于表 2-2。

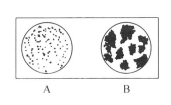

图 2-16 玻片凝聚反应
A:生理盐水+大肠杆菌　阴性反应
B:抗血清+大肠杆菌　阳性反应

表 2-2　玻片凝集法实验结果

	大肠杆菌＋抗血清	大肠杆菌＋生理盐水
画图表示		
用"＋""－"表示		

（二）试管凝集法

1. 将大肠杆菌悬液在 60℃ 恒温水浴锅中加温 0.5 h。

2. 取 10 支小试管,编号后排列于试管架上。

3. 用移液管取 0.9 ml 生理盐水加入 1 号试管,其余各试管均加 0.5 ml。

4. 用另一移液管加 0.1 ml 大肠杆菌免疫血清于 1 号试管,混匀。此时 1 号试管液体总体积为 1 ml,稀释度为 1/10。

5. 从 1 号试管吸 0.5 ml 稀释液注入 2 号管,混匀;再从 2 号试管吸 0.5 ml 注入 3 号管⋯⋯以此类推,直至第 9 号试管。9 号试管内液体混匀后吸出 0.5 ml 弃去。第 10 号试管不加血清作为对照。(注意:每次稀释均需换一支移液管,以保证稀释度的准确。)

6. 每管加入大肠杆菌悬液 0.5 ml。用同一移液管自最后一支试管加起,逐个向前加至第 1 号试管。

7. 摇匀后将试管放入 37℃ 水浴箱中,4 h 后取出,室温或在冰箱内过夜。

8. 观察记录实验结果

首先,不要摇动试管,观察管底有无凝集现象,阴性管内抗原沉于管底,形成边缘整齐、光滑的小圆块;阳性管内则可见管底形成边缘不整齐的凝集块。然后轻轻摇匀试管,阴性管内的圆块分散成均匀浑浊的悬液,阳性管内侧不是均匀浑浊,而是很多凝集块悬浮于液体中。

凝集块完全沉于管底,液体澄清,为完全凝集,以"＋＋＋＋"记录;凝集块沉于管底,液体稍浑浊,以"＋＋＋"记录;有部分凝集块沉于管底,液体浑浊,以"＋＋"记录;极少凝集,以"＋"记录;无变化,以"－"记录。结果记录于表 2-3。

以发生明显凝集反应(＋＋)的最高稀释度作为该免疫血清的效价。

表 2-3　试管凝集法实验结果

管号	1	2	3	4	5	6	7	8	9	10
血清稀释度	1/10	1/20	1/40	1/80	1/160	1/320	1/640	1/1280	1/2560	对照
结果										

五、思考题

1. 抗原抗体反应为什么要加入电解质?

2. 加抗原时为什么从最后一管加起?

3. 免疫血清的效价是怎样确定的?

实验十四 反射弧的分析

一、实验目的

分析反射弧的组成部分;明确反射弧的完整性与反射活动的关系。

二、实验原理

神经系统通过反射活动实现其对生理机能的调节。反射活动完成的结构基础是反射弧,反射弧由五个部分组成,它们是感受器、传入神经、神经中枢、传出神经、效应器,任何一个部分损坏,反射活动均不能实现。

三、实验器材

蟾蜍。

常用手术器械,支架,蛙嘴夹,蛙板,烧杯,培养皿,小滤纸片,棉花,蜡纸片,吸水纸。

0.5%及1%硫酸溶液,2%普鲁卡因,任氏液。

四、实验内容和方法

1. 取一只蟾蜍,毁脑(参看实验十二),制成脊蟾蜍。将蟾蜍腹位固定于蛙板上,剪开右侧大腿皮肤,分开坐骨神经沟,分离出坐骨神经,垫上蜡纸片,用一细棉条包住分离出的坐骨神经,备用。

2. 用蛙嘴夹夹住脊蟾蜍下颌,悬挂于支架上(图2-17)。

3. 观察屈反射 将蟾蜍右后肢的最长趾浸入0.5%硫酸溶液中2~3 mm,观察蟾蜍反应。当出现屈反射后,立即用清水冲洗受刺激的皮肤并用纱布擦干。

4. 同步骤3,刺激左后肢最长趾,观察屈反射。

5. 环剪右后肢最长趾基部,剥去趾上皮肤后,重复步骤3,观察屈反射是否出现。

6. 按步骤3方法,刺激右后肢的其他有皮肤的趾,观察实验现象。

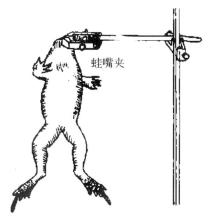

蛙嘴夹

图 2-17 反射弧分析实验装置图

7. 观察抓反射　取一浸有 1‰硫酸溶液的滤纸片,贴于蟾蜍右侧腹部或背部,观察蟾蜍的抓反射。反应后,立即用清水洗净,擦干。

8. 麻醉坐骨神经　在包裹坐骨神经的细棉条上滴上几滴普鲁卡因后,每隔 2 min,重复步骤 6,记录实验现象。

9. 当屈反射刚刚不能出现时,立即重复实验步骤 7,每隔 2 min 重复一次,直到抓反射不再出现为止。记录加药至屈反射消失的时间、加药至抓反射消失。

10. 将左侧后肢最长趾再次浸入 0.5％硫酸溶液中,记录结果。

11. 毁坏脊髓后再重复步骤 10,记录结果。

五、思考题

1. 在反射弧的五个组成部分中,本实验一共分析了哪几个组成部分?

2. 分析坐骨神经加入麻醉剂后屈反射先消失抓反射后消失的可能原因。

实验十五　脊髓、脑、眼和耳的结构

一、实验目的

1. 观察人脊髓和脑各组成部分的形态结构,了解脊神经和脑神经进出脊髓和脑的部位。

2. 通过对眼和耳的标本、模型的观察,了解视觉、听觉器官的解剖结构和功能。

二、实验器材

脊髓标本或模型,脑干标本或模型,透明脑干模型,人脑模型,人脑正中矢状切标本或模型,脊髓银染横切片,神经系统结构挂图。猪或牛眼球标本,眼球模型,外耳、中耳及内耳标本、模型。

显微镜,常规手术器材。

三、实验内容和方法

（一）脊髓

取脊髓标本或模型或挂图和脊髓横切片观察。

1. 脊髓的位置和外形

脊髓位于椎管内,上端在枕骨大孔处与延髓相延续,下端终于第一腰椎下缘。脊髓呈前后略扁的圆柱形,其上有 2 个膨大,上方的为颈膨大,下方的为腰膨大,腰膨大以下细缩为脊髓圆锥。脊髓圆锥向下伸出 1 根细丝为终丝,止于尾骨背面。

　　脊髓表面有数条平行的纵沟,分别为位于前面正中较深的前正中裂、后面正中较浅的后正中沟、前方两侧的1对前外侧沟和后方两侧的1对后外侧沟,以及在颈髓和胸髓上部的后外侧沟和后正中沟之间的后中间沟。

　　前、后外侧沟内附着的神经根丝分别合成前根和后根,前、后根在椎间孔处汇合成脊神经。在汇合前,后根上有一膨大,为脊神经节。

　　2. 脊髓的内部结构

　　取脊髓银染横切片,直接观察,可见脊髓的横切面呈扁圆形,中央管周围呈蝶形的区域为灰质,灰质周围的部分为白质。在低倍镜下观察,可见在灰质中央的中央管前后,左、右侧灰质连合在一起,为灰质连合;灰质向前突出的部分为前角,向后突出的部分为后角(前角钝圆,较大;后角稍尖,较小)。前后角之间移行的部分为中间带,如果是脊髓胸1至腰3段的横切片,则中间带向外突出形成侧角。白质主要由神经纤维组成,借脊髓的纵沟分为3个索,前正中裂与前外侧沟之间的为前索,后正中沟与后外侧沟之间的为后索,前、后外侧沟之间的为侧索。换用高倍镜观察,在脊髓前角内有大型的多极神经元,即前角α运动神经元;在后角内有许多小型的多极神经元,即中间神经元;在侧角内有中、小型的多极神经元,是交感节前神经元。

　　(二)脑

　　人脑由延脑、脑桥、中脑、间脑、大脑和小脑组成。其中,延脑、脑桥和中脑三者合称脑干。

　　1. 脑干(彩图4,彩图5)

　　用人的脑干模型观察。

　　脑干上接间脑,下连脊髓,背侧连接小脑。第Ⅲ～Ⅶ对脑神经从脑干发出。

　　(1)延脑(延髓)　为脊髓伸入颅腔的延续部分,下界平齐枕骨大孔,上界邻接脑桥下缘。

　　延髓前面(腹面)的结构与脊髓相似,有前正中裂、前外侧沟,前正中裂两侧有纵行的隆起为锥体,锥体的大部分纤维左、右交叉,形成锥体交叉。锥体外侧的椭圆形隆起为橄榄体。锥体与橄榄体之间的前外侧沟内有舌下神经根发出。在橄榄体外侧的沟内自上而下依次有舌咽神经、迷走神经和副神经根。

　　延髓的背面下部形似脊髓,上部中央管敞开,构成第四脑室底下半部。后正中沟两侧各有两个隆起,内侧的称薄束结节,其深面含薄束核;外侧的称楔束结节,其深面含楔束核。楔束结节的外上方有绳状体。

　　(2)脑桥　居脑干的中部。脑桥腹面隆起,表面有横行纤维的部分称基底部。自基底部向两侧逐渐细窄的部分称脑桥臂,基底部与脑桥臂交界处有三叉神经根。在桥延沟中由内向外依次有展神经、面神经和位听神经根。脑桥的背面下部扩大构成第四脑室底的上半部,上部缩窄移行于中脑,两侧的扁带状纤维束为结合臂。在脑桥上缘与中脑交界处有滑车神经根发出。

（3）中脑　上以视束为界，下与脑桥相连。中脑腹面两侧各有一柱状结构，称大脑脚，其间的凹陷为脚间窝，窝内侧有动眼神经根。中脑背面有两对小圆丘，称四叠体，上方的一对为上丘，下方的一对为下丘。自上、下丘的外侧各向前方伸出一条隆起，即上丘臂和下丘臂，分别连接间脑的外侧膝状体和内侧膝状体。

2. 间脑

用间脑模型、人脑干模型、人脑正中矢状切模型或标本观察。

间脑位于中脑与大脑半球之间，大部分被大脑半球所覆盖。间脑分为丘脑、上丘脑、下丘脑、后丘脑和底丘脑。

从外形上看，丘脑是一对卵圆形的灰质块，上面为侧脑室的底，内侧面构成第3脑室侧壁的一部分。内侧面中央有一灰质块，连接左、右丘脑，称中间块。中间块下方有一从中脑导水管前方至室间孔的浅沟，称下丘脑沟，是丘脑与下丘脑的分界线。上丘脑的主要结构为松果体；后丘脑位于丘脑的后外侧，主要为外侧膝状体和内侧膝状体；下丘脑位于下丘脑沟的腹侧，包括视交叉、视束、视交叉后方的灰结节，灰结节向下移行于漏斗，漏斗的下端与垂体相接，灰结节后方有一对乳头体；底丘脑只能在切面上看到，是中脑和间脑的过渡区域。

3. 小脑

用人的小脑标本或模型观察。

小脑上面平坦，被大脑半球遮盖，下面中部凹陷，容纳延髓。小脑中部缩窄为蚓部，其下面的最前部称小结，两侧膨隆为小脑半球。小脑半球表面有许多平行的浅沟和少数深沟，深沟把小脑半球分成若干叶。其中的绒球借绒球脚与蚓部的小结相连，构成绒球小结叶。小脑上面近中部有一条横行的深沟，称原裂（首裂），原裂前面的部分称为前叶，后面的部分称为后叶。

小脑借三对巨大的纤维束——绳状体（小脑下脚）、脑桥臂（小脑中脚）和结合臂（小脑上脚）分别和延髓、脑桥和中脑相连。

4. 大脑

用人脑标本或模型观察。

大脑由左、右两半球组成，两半球之间以大脑纵裂分隔。裂底有连接两半球的横行纤维，称胼胝体。

大脑半球表面有许多深浅不同的沟或裂，沟、裂之间的隆起称回。

大脑半球借3条沟裂分为5叶。这3条主要的沟裂是：外侧裂，位于大脑半球背外侧面，由前下斜向后上方；中央沟，起自半球上缘中点稍后方，斜向前下方；顶枕裂，位于半球内侧面的后部，由胼胝体后端斜向后上方，略转至背外侧面。

上述的3条沟裂把每侧半球分为5叶，分别是：额叶，位于中央沟之前，外侧裂上方；顶叶，位于中央沟和顶枕裂之间；枕叶，位于顶枕裂的后方；颞叶，位于外侧裂的下方；岛叶，位于外侧裂的深面。

（三）眼球的解剖结构

取猪或牛眼球进行解剖,用刀片将眼球切成前后两部分,结合眼球模型进行观察。

1. 取眼球的后半部分,从内向外观察下列结构:

（1）玻璃体　为充满眼球内的透明胶状物。

（2）视网膜　除去玻璃体即可见到视网膜,它是眼球壁最内层的白色薄膜,易剥离。

（3）视神经乳头（视盘）　视网膜后部的一个白色圆形隆起,是视神经穿出的地方。

（4）脉络膜　撕去视网膜后所见的一层黑褐色的薄膜,其中富含色素细胞和血管。

（5）巩膜　撕去脉络膜后所留下的眼球壁最外层,为白色厚而坚韧的膜。

（6）黄斑　观察眼球模型,了解黄斑及中央凹的位置,再从标本上仔细寻找。

2. 取眼球前半部分,从内向外观察下列结构。

（1）玻璃体　同前。

（2）晶状体　位于巩膜与玻璃体之间,是一个双凸的透明体,前面较平,后面较凸。

（3）睫状体与睫状突　睫状体是脉络膜前方的环形增厚部分。在睫状体的前部,有数十个向内侧突出并作放射状排列的皱襞,即睫状突。

（4）睫状小带　小心摘除晶状体,注意观察晶状体与睫状突之间的一些细丝状纤维,即睫状小带。

（5）虹膜与瞳孔　摘除晶状体后,就可见到虹膜,其中央有一孔即瞳孔。

（6）角膜　是眼球壁外膜的最前部大约占 1/6 的透明膜,微向前凸。

（7）眼前房与眼后房　角膜与巩膜之间的腔隙为眼前房,巩膜与晶状体之间较小的腔隙为眼后房。眼前房与眼后房内均含水样液,为房水。

（四）耳的解剖结构

取外耳、中耳及内耳标本、模型观察。

1. 外耳

外耳包括耳郭、外耳道和鼓膜。

2. 中耳

中耳包括鼓室、咽鼓管和乳突小房。

（1）鼓室　是颞骨岩部内的小腔,其外侧壁有鼓膜,内侧壁有上、下两个孔,分别为前庭窗（卵圆窗）和蜗窗（圆窗）,鼓室前壁有咽鼓管的开口。鼓室腔内有锤骨、砧骨和镫骨三块听小骨,以关节相互连接。锤骨的柄附于鼓膜内面,镫骨的底封闭前庭窗。

（2）咽鼓管　连接鼓室和鼻咽部的管道。

（3）乳突小房　乳突小房是颞骨乳突内许多含气的小腔。这些小腔相互连通,最后通过一个较大的腔,再向前开口于鼓室后壁。

3. 内耳

包括骨迷路和膜迷路。骨迷路分前庭、半规管和耳蜗三部分。膜迷路是指悬挂于骨迷路内的膜性小管和小囊,包括椭圆囊、球囊、膜半规管和蜗管。

（1）骨迷路

①前庭:是骨迷路中部的不规则小腔。其外侧壁即鼓室的内侧壁,上有前庭窗和蜗窗,后上方有 5 个孔,与 3 个半规管相通,前下方有一较大的孔通耳蜗。

②骨半规管:位于骨迷路后部,共有 3 个,即后、上、外半规管,互成垂直排列。每个半规管有两脚与前庭相通,其中一脚有一膨大部,称为骨壶腹。后、上半规管没有壶腹的一端合为一个总骨脚。故 3 个半规管只有 5 脚通于前庭。

③耳蜗:为骨迷路前部,形似蜗牛壳,是由一条骨质空管绕蜗轴旋转两周半形成的。蜗顶朝前外方,为盲端。蜗底向后内方,开口于前庭。耳蜗的中轴称蜗轴,近水平位。将耳蜗自蜗顶至蜗底作一断面,可见蜗轴向管内伸出一螺旋状骨片,叫骨螺旋板,该板并不到达蜗管外侧壁。

（2）膜迷路

①椭圆囊和球囊:位于前庭内。椭圆囊在后上方与 3 个膜半规管相通。球囊在前上方,下端有小管与蜗管相连,此管向上延伸为内淋巴管,末端扩大为内淋巴囊。

②膜半规管:位于骨半规管内,形状与骨半规管相似,但管径较小。

③蜗管:是耳蜗的膜性管,也作两周半旋转,其两端皆为盲端,一端起于前庭,一端终于蜗顶,蜗管与骨螺旋板相连接,将耳蜗分出了上部的前庭阶和下部的鼓阶,两阶在蜗顶的蜗孔处相通。

四、思考题

1. 脑干部位有几对脑神经出入? 分别位于何处?
2. 间脑分成哪几个部分?
3. 大脑是如何分叶的?
4. 光线到达视网膜要通过哪些结构?
5. 声波是怎样传导到内耳的?

实验十六　人体泌尿系统、生殖系统的解剖结构

一、实验目的

1. 掌握人泌尿系统的组成;观察肾的形态、位置和解剖结构;观察输尿管、膀

胱的位置及解剖结构。

2. 了解人体生殖系统的组成,各器官的位置、形态及大体解剖结构。

二、实验器材

人腹腔及盆腔解剖标本或模型,泌尿生殖系统解剖标本或模型,肾的解剖放大模型,新鲜猪肾,生殖系统解剖标本或模型。

三、实验内容和方法

第一部分 泌尿系统

1. 肾的位置、形态

用人的腹腔解剖标本或模型观察。肾位于腹腔后上部,脊柱两侧,左右各一。肾形似蚕豆,表面光滑,其内侧缘中部凹陷为肾门,是肾动脉、肾静脉、淋巴管、神经和输尿管出入处。

2. 肾的结构

用猪肾做冠状切,进行观察。位于外周呈红褐色的为皮质,位于深部由十几个暗红色的呈锥体形的肾锥体组成髓质。锥体的尖端游离、钝圆称肾乳头,肾乳头上有小孔开口于肾小盏,肾锥体底部有髓质条纹呈辐射状伸入皮质为髓放线。伸入锥体间的皮质为肾柱。

围绕肾乳头的漏斗形膜状小管为肾小盏,相邻的2～3个肾小盏合并为一个肾大盏,肾大盏合并成漏斗状的肾盂。肾盂出肾门后移行为输尿管(图2-18)。

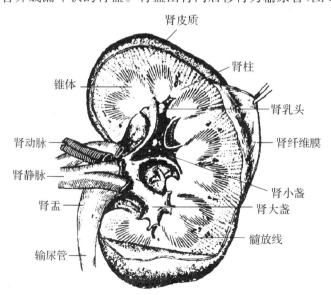

图 2-18 肾的额状剖面

3. 输尿管、膀胱及尿道

用人腹腔及盆腔解剖标本或模型观察。

（1）输尿管　左右各1条，起自肾盂，于腹膜后方下行入盆腔，开口于膀胱底。

（2）膀胱　膀胱空时全部位于盆腔，呈锥体形，尖端细小，朝向前上方，为膀胱顶，底部朝向后下方呈三角形，为膀胱底。顶和底之间的大部分为膀胱体。膀胱内有三个开口，膀胱三角底的两端各有1个输尿管的开口，三角形尖端为尿道内口。

（3）尿道　尿道起自膀胱的尿道内口，男性尿道贯穿前列腺和尿道海绵体，止于阴茎的尿道外口，分为前列腺部、膜部和海绵体部；女性尿道较短，在阴道之前，开口于阴道前庭。

第二部分　生殖系统

1. 男性生殖系统

用男性生殖系统解剖标本或模型观察。

（1）睾丸　睾丸位于阴囊内，左右各一，为稍扁的椭圆形的实质性器官。睾丸表面有鞘膜，鞘膜分脏层和壁层。脏层紧贴在睾丸表面，壁层贴附在阴囊内面，两层之间为鞘膜腔。脏层深面有1层坚韧的结缔组织膜，称睾丸白膜，白膜深面的薄层结缔组织膜称血管膜。白膜在睾丸后缘处增厚形成睾丸纵隔。睾丸纵隔的结缔组织伸入睾丸实质，形成睾丸小隔，把睾丸分成许多睾丸小叶，每个小叶内有1～4条曲细精管。

（2）附睾　附睾紧贴在睾丸的上端和后缘。其上端膨大为附睾头，中部扁圆为附睾体，下端较细为附睾尾。附睾尾向上移行为输精管。

（3）输精管和射精管　输精管从附睾尾起向上行加入精索，沿阴囊的两侧向上，经腹股沟管入腹腔和盆腔，行至膀胱底后面，在左、右精囊腺之间膨大，称输精管壶腹，其末端变细，与精囊腺排泄管汇合成细的射精管，穿过前列腺，开口于尿道前列腺部。

（4）精囊腺　精囊腺位于膀胱后方，输精管壶腹的外侧，是1对长椭圆形的囊状器官。其下端细小为排泄管，与输精管末端合成射精管。

（5）前列腺　前列腺位于膀胱下部，为不成对的栗形器官，包围在尿道的起始部。

（6）尿道球腺　尿道球腺是1对豌豆大小的圆形腺体。位于尿道膜部两侧，其排泄管开口于尿道球部。

（7）阴茎　主要由2个阴茎海绵体和1个尿道海绵体构成。阴茎海绵体位于阴茎的背侧，左右各一。尿道海绵体位于阴茎海绵体的腹侧，尿道贯穿其全长。

2. 女性生殖系统

用女性盆腔矢状切或女性生殖系统解剖标本（或模型）观察。

（1）卵巢　卵巢为一对扁椭圆形器官,位于骨盆侧壁,髂内、外动脉所夹的卵巢窝内。性成熟前其表面光滑,经多次排卵后变得凹凸不平。

（2）输卵管　输卵管位于子宫两侧,子宫阔韧带上缘内,为1对喇叭形弯曲的肌性管道。内侧端开口于子宫腔,外侧端开口于腹膜腔。由内向外分4部:子宫部,贯穿于子宫壁内;峡部,为细而直的一段;壶腹部,为管径粗而较弯曲的部分;漏斗部,在最外端呈漏斗状,其周缘有许多指状突起,称输卵管伞。

（3）子宫　子宫位于盆腔中央,膀胱与直肠之间,呈前后略扁的倒梨形。其输卵管入口以上凸隆部分为子宫底;下端细缩部分为子宫颈;底与颈之间为子宫体。子宫底的内腔呈前后扁的倒三角形,称子宫腔。子宫颈的内腔称子宫颈管。

（4）阴道　阴道为前后较扁的肌性管道,前方为膀胱和尿道,后方是直肠,上端连于子宫,下端开口于阴道前庭。

（5）外生殖器　外生殖器包括阴阜、大阴唇、小阴唇、阴蒂、阴道前庭等。

四、思考题

1. 泌尿系统各器官有何生理作用?
2. 男性和女性生殖系统各组分有何生理作用?

实验十七　精巢和卵巢

一、实验目的

熟悉动物卵巢和精巢的结构,了解生殖细胞的发育过程。

二、实验器材

动物精巢和卵巢的切片。
显微镜。

三、实验内容和方法

（一）精巢的结构
取动物睾丸切片观察。

1. 低倍镜观察

睾丸的切面上有许多被切成横行或斜形的管道状结构,即曲细精管,也称曲精小管。选择其中一个细胞层次较多的曲细精管切面换高倍镜观察(图2-19)。

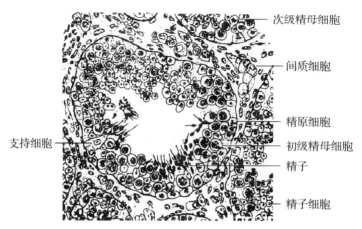

图 2-19　曲细精管及间质细胞

2. 高倍镜观察

曲细精管的外周覆有薄层基膜。曲细精管的管壁很厚。由两类细胞组成，一是支持细胞，另一是各级生精细胞。支持细胞单层排列，各级生精细胞嵌在支持细胞上，从基膜到管腔作多层排列。曲细精管之间有成群存在的间质细胞。

（1）各级生精细胞　自基膜向管腔面依次排列下列细胞：

①精原细胞：位于基膜上，排列成一层或两层；胞体小，呈立方形或不规则形；细胞核圆形，染色质较多，故着色深。

②初级精母细胞：在精原细胞内侧，排列成 2～3 层。细胞体积较大，圆形。细胞核多处于分裂状态，故可见密集成团的染色体。

③次级精母细胞：位于初级精母细胞内侧，胞体较初级精母细胞小。该种细胞存在时间短，故在有的曲细精管上不易找到。

④精子细胞：位于管腔面，胞体更小，数量较多。细胞质较少，核圆形，着色深。

⑤精子：位于管腔内，头部染成深蓝色小点，尾部细长，常以头部附着在支持细胞上。

（2）支持细胞　为锥形细胞，细胞底部宽，附着在基膜上，顶部较尖，伸向管腔。由于此类细胞轮廓在切面上不十分清楚，所以辨认时应根据其有一个体积较大、呈椭圆形或三角形的细胞核，核内染色质较少，核仁清晰的特点来区别。

（3）间质细胞　常成群存在，细胞圆形或多角形，胞体较大，核大而圆。

（二）卵巢的结构

1. 低倍镜观察

卵巢表面覆盖有一层立方或扁平上皮。上皮下面染色较深的致密结缔组织为白膜。白膜深部为卵巢的实质。卵巢实质的中央部分是髓质，周围部分是皮质。皮质与髓质之间无明显的分界，若切片未切到卵巢正中，则只能看到极小的一部分髓质。

髓质由疏松结缔组织构成，其中含有血管、神经等。皮质由较为致密的结缔组

织构成,其中散布着处于不同发育时期的卵泡(图2-20)。

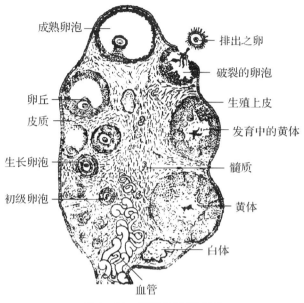

图2-20 卵巢构造模式图

2. 高倍镜观察

(1)原始卵泡 原始卵泡分布于皮质浅层,数量多,体积小,呈球形,中央有一较大的细胞即为卵母细胞。卵母细胞核圆形,着色浅。卵母细胞周围有一层扁平的卵泡细胞。

(2)初级卵泡 初级卵泡也位于皮质浅层,由原始卵泡生长发育而来。中央也有一个卵母细胞,而其周围的卵泡细胞已形成单层或多层立方形细胞。卵母细胞和卵泡细胞之间出现了透明带。

(3)次级卵泡 次级卵泡也称生长卵泡。由于次级卵泡不断发展最后成为成熟卵泡的过程是一个循序渐进的过程,因而在切片上可以看到不同发育时期的次级卵泡,其大小、结构不完全相同,但有共同的特点:

①卵母细胞体积增大,透明带增厚,被染为粉红色。

②卵母细胞增至更多层。

③卵泡细胞之间出现大小不等的腔隙,有的连成较大的卵泡腔。当卵泡腔增至一定程度,则可见卵母细胞及其周围的一部分卵泡细胞被推向卵泡一侧,形成卵丘。紧靠卵母细胞的一层卵泡细胞整齐地排列成放射状,称放射冠。其余卵泡细胞形成卵泡壁,称粒层。

④卵泡周围的结缔组织随着卵泡的生长而增生形成卵泡膜。卵泡膜分成两层:内膜层较疏松,血管丰富,含有圆形或多角形的内膜细胞;外膜层较致密,与周围结缔组织无明显分界。

在兔的卵巢切片上,有时可以看到同一个次级卵泡和成熟卵泡中有两个甚至多个卵丘及卵母细胞。

(4)成熟卵泡 成熟卵泡体积更大,逐渐向卵巢表面突起,卵泡腔很大。

(5)闭锁卵泡 闭锁卵泡也称退化卵泡,卵母细胞消失,透明带坍陷而皱褶,并和周围的卵泡细胞分离。猫或兔的次级卵泡退化时,内膜细胞一度变得肥大,这些细胞被结缔组织分隔成分散的细胞团或索,称为间质腺。此腺体形似黄体。

(6)黄体 在有些切片中可以看到,黄体是形状不规则的细胞团或细胞索,周围被有结缔组织膜,黄体内的结缔组织中含有丰富的血管。黄体细胞较大,形状不规则,核大而圆,细胞质着色浅。

四、思考题

1. 精子是怎样发育的?
2. 原始卵泡是怎样发育成成熟卵泡的?

实验十八 植物组织(一)

一、实验目的

1. 掌握植物保护组织、分生组织、薄壁组织的基本构造及细胞特征,了解其在植物体上的位置及其生理功能。
2. 学习并掌握徒手切片的方法。

二、实验器材

植物根尖纵切片,蚕豆叶下表皮永久装片,椴树茎横切永久制片,夹竹桃叶片横切,美人蕉叶片,马铃薯块茎切片。

显微镜,载玻片,盖玻片,镊子,刀片,培养皿,毛笔,滴管等。

三、实验内容和方法

(一)分生组织

取植物根尖永久制片置低倍镜下观察。根的最尖部为根冠,在根冠之上染色较深的部分就是根尖分生组织,前端的细胞小,排列紧密、壁薄、质浓、核大而明显,为原生分生组织,后端的细胞已有初步分化,为初生分生组织。

(二)保护组织

1. 表皮

取蚕豆叶下表皮永久装片观察。蚕豆叶表皮由一层形状不规则的表皮细胞彼

此镶嵌而成,无细胞间隙,细胞不含叶绿体。在表皮细胞间,可见一些由两个肾型保卫细胞组成的气孔器,保卫细胞有叶绿体(彩图6)。

2. 周皮

取椴树茎横切永久制片观察。周皮位于茎的最外方,从外向内可区分为木栓层、木栓形成层和栓内层。最外面是排列整齐的几层死细胞,在横切面上呈扁方形,常被染成棕红色。在木栓层内方,有1~2层被固绿染成蓝绿色的扁平形的薄壁细胞,细胞质较浓,有的细胞能见到细胞核,即为木栓形成层。在木栓形成层的内侧 有1~2层较大的薄壁细胞,被固绿染成蓝绿色即为栓内层(彩图7)。

(三)薄壁组织

1. 同化组织

取夹竹桃叶片横切片观察。在上、下表皮之间有大量的薄壁细胞,细胞中含有丰富的叶绿体,为同化组织。

2. 贮藏组织

取马铃薯块茎切片观察。马铃薯块茎由许多大型薄壁细胞组成,细胞内充满淀粉粒,为贮藏组织。

3. 通气组织

取美人蕉叶片,先将其叶鞘或大主脉切成大小适宜的长条,然后徒手切片,制成临时装片。将制片置于低倍镜下观察,可以看到一些形状不规则,并有多个放射状突起的薄壁细胞,各细胞的突起互相连接,并由突起围成了许多大的细胞间隙,为通气组织(图2-21)。

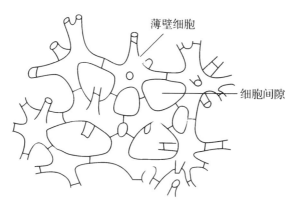

图2-21 美人蕉叶柄的通气组织

附:徒手切片法

徒手切片法不需要任何的机械设备,只需要一把锋利的刀片就可以完成切片的制作,方法简单,也容易保持观察物的生活状态,有很大的实用价值。

1. 选材

选择软硬适度的材料,先截成适当的段块。一般直径大小以 3～5 mm,长度以 20～30 mm 为宜。若材料太软,如幼叶等,不能直接拿在手中进行切片,可用适当大小的马铃薯块茎或萝卜块根等作支持物,将材料夹入其中,一起切片。

2. 切片

用左手拇指、食指和中指夹住材料,使其稍突出在手指之上,拇指略低于食指,以免刀口损伤手指。材料和刀刃上蘸水,使其湿润。右手拇指和食指横向平握刀片,刀片要与材料断面平行,刀刃放在材料左前方稍低于材料断面的位置,以均匀的力量和平稳的动作从左前方向右后方拉切(图 2 - 22)。切片时要用臂力而不用腕力,手腕不要动,靠肘、肩关节的屈伸来切片,拉切要快,中途不要停顿,更不能用拉锯方式进行切片。

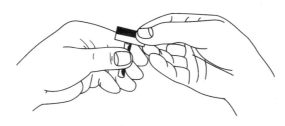

图 2 - 22　徒手切片的姿势

每切 2～3 片就要把刀片上的薄片用湿毛笔移入盛有清水的培养皿中暂存备用。如发现材料切面出现倾斜,应修平切面后再继续切片。

3. 镜检观察

连续切下很多切片后,挑选最薄的切片放于加了 1 滴清水的载玻片上,盖上盖玻片,制成临时装片,进行镜检、观察。

四、思考题

1. 薄壁组织有哪些功能?
2. 徒手切片可用于哪些植物组织的观察? 应注意哪些问题?

实验十九　植物组织(二)

一、实验目的

掌握植物机械组织和输导组织的基本构造及细胞特征,了解其在植物体上的位置及其生理功能。

二、实验器材

芹菜叶柄,南瓜茎纵横切,梨果实石细胞装片。
显微镜,载玻片,盖玻片,镊子,刀片,培养皿,毛笔,滴管等。

三、实验内容和方法

（一）机械组织

1. 厚角组织

用徒手切片法作芹菜叶柄的横切片,选取薄而透明的切片制成临时装片,置于低倍镜下观察。在芹菜叶柄棱角处的表皮内方有厚角组织存在,这些细胞的细胞壁在角隅处增厚(图 2-23)。

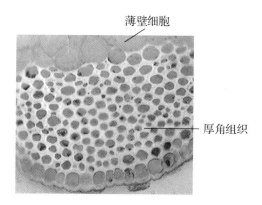

图 2-23 芹菜叶柄的厚角组织

2. 厚壁组织

厚壁组织是由细胞壁强烈加厚并木质化的死细胞构成的,按细胞形态分为纤维和石细胞(图 2-24)。

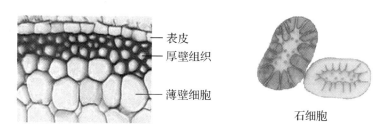

图 2-24 厚壁组织

（1）纤维 取南瓜茎纵切片,观察外皮层中被染成红色的细胞,细胞细长,细胞壁厚,细胞腔狭窄。或取桑树(或棉花、苘麻等)的韧皮部的少许离析材料,用清水冲洗数次后,置于载玻片上。加 1 滴浓盐酸,3～5 min 后,再加 1 滴 5％间苯三酚乙醇溶液,制成装片后镜检,可见纤维细胞细长而两端锐尖,细胞壁厚,细胞腔狭

窄呈缝状,原生质体解体。

(2)石细胞　取梨果实石细胞永久装片观察。梨果肉的石细胞细胞壁极厚,木质化,染成桃红色,细胞腔很小,原生质体解体。厚壁上有管道状的分枝纹孔。

(二)输导组织

1. 导管的观察

取南瓜茎纵切片和横切片观察。在双韧维管束的木质部中,导管被染成红色。在纵切面上,导管为具有各种花纹的管状结构(彩图8),在横切面上,导管则呈口径不一的圆孔或多边形。

2. 筛管和伴胞的观察

取南瓜茎纵切片和横切片观察。在南瓜茎维管束的韧皮部中,有被固绿染成蓝绿色的筛管和伴胞。在纵切面上,筛管呈具有"节"的长管状结构,其"节"就是筛板所在的位置,一般稍膨大并且着色较深。在筛管的旁边染色较深并具细胞核的细长细胞就是伴胞。在横切面上,筛管多为多边形薄壁细胞,口径较大,在它旁边贴生着的小型细胞为伴胞。寻找横切面上正好切在筛板处的筛管(彩图9)。

四、思考题

1. 厚角组织和厚壁组织在细胞结构和功能等方面有何异同?
2. 筛管和伴胞有什么关系?

实验二十　根的结构

一、实验目的

1. 掌握双子叶植物和单子叶植物根的初生结构。
2. 掌握植物根的次生结构。

二、实验器材

双子叶植物幼根横切片,小麦或玉米根横切片,棉花老根横切。
显微镜。

三、实验内容和方法

(一)根的初生结构

1. 双子叶植物根的初生结构

取双子叶植物幼根横切片显微观察。双子叶植物根的初生结构从外向内由表皮、皮层和维管柱三部分组成(图2-25)。

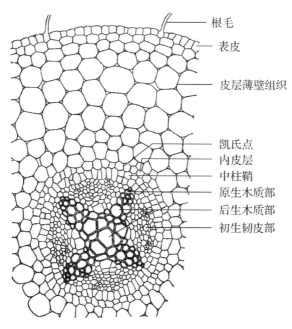

图 2-25　双子叶植物根（棉花根）的初生结构

（1）表皮　是根的最外一层细胞,排列紧密整齐,无细胞间隙。有的表皮细胞可观察到向外突起形成的根毛(或根毛残体)。

（2）皮层　在表皮之内维管柱之外的部分,占幼根的大部分,由多层薄壁细胞组成,可进一步分为外皮层、皮层薄壁细胞和内皮层三部分。

①外皮层:靠近表皮之下的几层细胞(一般1～3层),细胞较小,细胞壁常木栓化代替表皮起暂时的保护作用。

②皮层薄壁细胞:细胞体积较大,排列疏松,有较大的细胞间隙,细胞具有储藏作用。

③内皮层:是皮层最内层的细胞,围绕着内部的维管柱,细胞小,排列紧密,细胞横壁和径向壁上具有木栓化的加厚带状物——凯氏带,在根的横切面上可见两相邻的内皮层细胞间明显的加深的点状结构——凯氏点。

（3）维管柱　内皮层以内的中央部分。细胞较小,排列紧密。可分为中柱鞘、初生韧皮部、初生木质部、薄壁细胞。

①中柱鞘:内皮层里面的1～2层薄壁细胞,排列紧密整齐。这些细胞具有潜在的分生能力,侧根、木栓形成层(首次)、维管形成层的一部分由这部分发生。

②初生木质部和初生韧皮部:蚕豆的初生维管组织由4个木质部束和4个韧皮部束组成,它们彼此单独成束,相间排列。初生木质部在维管柱中心呈十字型辐射排列。靠近四个辐射角的是原生木质部,近中央的是后生木质部。初生木质部的导管细胞壁厚,腔大。原生导管口径比后生导管口径小。初生韧皮部位于两木

质部束之间,同样原生韧皮部在外,后生韧皮部在内。

③薄壁细胞:位于初生木质部和初生韧皮部之间,这部分细胞可以恢复分生能力,形成维管形成层的一部分。蚕豆根中央的薄壁细胞形成髓。

2. 单子叶植物根的初生结构

取小麦或玉米根横切片观察。单子叶植物的根只有初生结构,其也是由表皮、皮层和维管柱三部分组成(图2-26)。

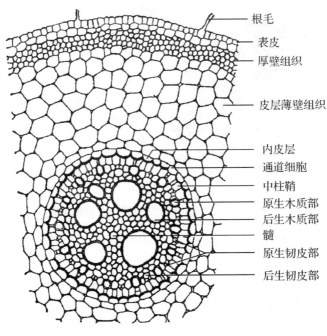

图 2-26 小麦根横切

（1）表皮 是根的最外一层细胞,排列紧密整齐,可观察到根毛残体。

（2）皮层 在表皮内。靠近表皮下的几层细胞(1～2层),细胞较小,称为外皮层。在较老的材料中可见 2～3 层细胞壁常木栓化代替表皮起保护作用,被染成红色。内皮层细胞的五个面都加厚,并木栓化,仅外切向壁是薄的,显微镜下呈马蹄形。仅在正对木质部的地方保留 1～2 个细胞壁不加厚的细胞,称通道细胞。

（3）维管柱 由中柱鞘、初生韧皮部、初生木质部、木质部和韧皮部之间的薄壁细胞及髓几部分组成。

中柱鞘是维管柱最外边排列紧密的小细胞,它的内侧是相间排列成一轮的初生木质部和初生韧皮部,两者之间是薄壁细胞。维管柱中央是由大型薄壁细胞组成的髓。

（二）根的次生结构

大多数的双子叶植物的根,由于具有形成层可以产生根的次生结构,使其继续生长,可以使根不断地加粗。

取棉花老根横切片观察。表皮与皮层已经脱落。在显微镜下观察,棉花老根由外向内分为周皮、韧皮部、维管形成层、木质部等几部分(图2-27)。

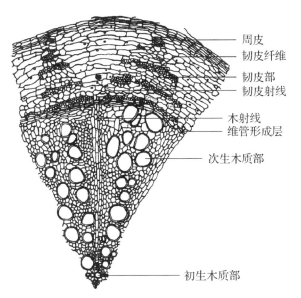

图2-27 棉花老根的结构示意图

（1）周皮　位于老根的最外方,从外向内可区分为木栓层、木栓形成层和栓内层。木栓层是老根外排列整齐的几层死细胞,在横切面上呈扁方形,径向壁排列整齐,常被染成棕红色。在木栓层内方,有一层被固绿染成黄色的扁方形的薄壁细胞,细胞质较浓,有的细胞能见到细胞核,即为木栓形成层。在木栓形成层的内侧,有1~2层较大的薄壁细胞,被固绿染成蓝绿色即为栓内层。

（2）韧皮部　由初生韧皮部和次生韧皮部(主要由次生韧皮部)组成。初生韧皮部在栓内层以内,大部分因挤压而毁坏,常不能分辨。次生韧皮部位于初生韧皮部内侧,被固绿染成蓝绿色,由筛管、伴胞、韧皮薄壁细胞和韧皮纤维组成。其中细胞较大的为筛管,紧靠筛管的较小细胞为伴胞。韧皮薄壁细胞较大,在横切面上与筛管形态相似,常不易区分。韧皮纤维细胞壁厚,被染成淡红色。此外在韧皮部还有径向排列的韧皮射线。

（3）维管形成层　位于次生韧皮部和次生木质部之间,由一层扁形的被染成浅绿色的薄壁细胞组成。显微镜下可发现被染成淡绿色的扁形细胞不只一层,这是因为形成层细胞分裂非常迅速,刚产生的细胞尚未分化成熟,与形成层细胞很难区别,故被称为"形成层带"。

（4）木质部　由次生木质部和初生木质部组成。次生木质部位于形成层之内,在次生根横切面上占较大的比例,被番红染成红色,它由导管、管胞、木薄壁细胞和木纤维组成。其中口径较大,呈圆形或近圆形,增厚的木质化次生壁被染成红色的死细胞为导管,管胞和木纤维在横切面上口径较小,可与导管区分,也染成红

色,而木纤维壁较管胞更厚。木薄壁细胞被染成绿色。木射线是呈径向排列的薄壁细胞,绿色。木射线和韧皮射线是连通的,合称维管射线。初生木质部在次生木质部之内,位于根的中央,呈星芒状。

四、思考题

1. 根的内皮层细胞结构有什么特点? 其有什么作用?
2. 根的次生结构是怎样形成的?

实验二十一 茎的结构

一、实验目的

掌握茎的初生结构和次生结构。

二、实验器材

双子叶植物幼茎横切片,玉米茎横切片,向日葵老茎横切片,椴树茎横切片。显微镜。

三、实验内容和方法

(一)茎的初生结构

1. 双子叶植物茎的初生结构

取双子叶植物幼茎横切片观察。双子叶植物幼茎的横切片可分为表皮、皮层和维管柱三部分(图 2 - 28)。

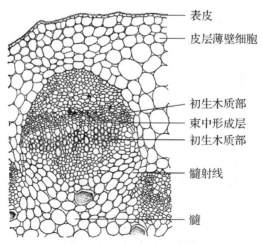

表皮
皮层薄壁细胞
初生木质部
束中形成层
初生木质部
髓射线
髓

图 2 - 28 双子叶植物茎的初生结构

（1）表皮　仅一层细胞，排列紧密，形状规则，外壁上有角质层，表皮上有气孔和表皮毛。

（2）皮层　表皮与维管柱之间的部分，所占比例较根小得多。靠近表皮的几层细胞比较小，为厚角组织，可增强幼茎的支持能力，其内是数层薄壁细胞，其细胞体积较大，排列疏松，有细胞间隙。

（3）维管柱　皮层以内的轴状部分，较发达，占幼茎横切面中央较大的面积，由维管束、髓和髓射线组成。

①维管束：呈束状，染色较深，在横切面上许多维管束排成一环。维管束之间为薄壁组织所隔离。每个维管束都由位于外部的初生韧皮部、位于内部的初生木质部和介于韧皮部和木质部之间的束中形成层组成。

②髓和髓射线：髓位于茎的中央，多为具有细胞间隙的薄壁细胞组成，髓射线为相邻的维管束之间的薄壁细胞组成。

2. 单子叶植物茎的初生结构

绝大多数单子叶植物茎中没有形成层，茎不能增粗，只有初生结构，构造比较简单，维管束成散生状态，分布于基本组织中。

取玉米茎横切片观察。其由表皮、基本组织和维管束组成（彩图10）。

（1）表皮　为茎的最外层细胞，细胞外壁增厚，具有保护作用，表皮上有气孔器。

（2）基本组织　基本组织的外部靠表皮有数层细胞较小、排列紧密、壁厚而木质化，具有机械支持作用，称外皮层；基本组织的内部为薄壁细胞，是基本组织的主要部分，细胞较大，排列疏松，有许多维管束散生其中。

（3）维管束　分散在基本组织中，外方多而小，分布比较密集。靠近中央则大而少，分布比较疏松。玉米茎的维管束是外韧维管束，每个维管束的外层是数层厚壁细胞构成的维管束鞘，内面只有木质部和韧皮部，无形成层。韧皮部位于外方，通常只有筛管和伴胞。木质部通常含有3～4个显著的、被染成红色的导管，在横切面上排列成"V"形，近外部是由两个孔纹导管和一些管胞组成的后生木质部，近内部是由1～2个较小的导管和少量的薄壁细胞组成原生木质部。小导管的内侧有一个大的空腔，是由最早形成的导管被拉扯撕坏形成的，叫气腔或胞间道（图2-29）。

小麦和水稻茎的结构与玉米茎基本相同，也可用于观察。最明显的不同是，小麦和水稻茎的维管束一般只有两圈分布在基本组织中，同时，茎中空，中央为髓腔。

（二）茎的次生结构

1. 双子叶草本植物茎的次生结构

取向日葵老茎的横切装片，与前面观察的初生结构比较观察。向日葵老茎仍留有表皮、皮层。它的次生结构主要是初生维管束内的束中形成层分裂，向外形成次生韧皮部，向内形成次生木质部；同时，束间髓射线薄壁细胞恢复分裂能力，形成

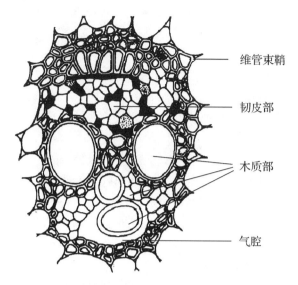

维管束鞘

韧皮部

木质部

气腔

图2-29　玉米茎的一个维管束

束间形成层。束中形成层和束间形成层相互连接,形成完整的一圈形成层,在显微镜下看到的木质部和韧皮部之间有几层径向排列很整齐、形状扁平的细胞即为形成层。木质部位于内侧,其中染成红色的、直径较大的厚壁细胞是导管或伴胞,一些直径较小、呈多边形的厚壁细胞是纤维。韧皮部位于外侧,维管束外侧的一小束具有厚的细胞壁并被染成红色的细胞是韧皮纤维,韧皮纤维以内,细胞直径较大、细胞壁薄、被染成绿色的是筛管,紧邻筛管的细胞质浓厚的较小细胞为伴胞。

向日葵老茎的维管束之间仍有髓射线和髓。次生结构中还有维管射线。

2. 双子叶木本植物茎的次生结构

取2~3年生的椴树茎横切片,从外向内观察(图2-30,彩图11)。

(1)周皮　位于茎的最外层,由数层扁平细胞构成,由木栓层、木栓形成层和栓内层三部分组成。

(2)皮层　在周皮之内,仅数层薄壁细胞,其中靠外围的细胞排列紧密,靠内的细胞排列比较疏松。

(3)韧皮部　位于最外方的初生韧皮部已挤毁消失。次生韧皮部的细胞排列成外窄里宽的梯形。韧皮纤维被染成红色,韧皮薄壁细胞、筛管和伴

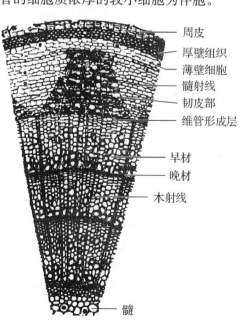

周皮

厚壁组织

薄壁细胞

髓射线

韧皮部

维管形成层

早材

晚材

木射线

髓

图2-30　椴树茎横切(3年生)

胞被染成深浅不同的绿色。

在次生韧皮部之间有薄壁细胞构成的髓射线贯穿,多列髓射线细胞排列呈倒三角形。

(4)维管形成层　位于韧皮部和木质部之间,只有一层细胞,但因为其分裂出来的细胞还没有成熟,所以看上去有多层,形成层的细胞呈扁平状,排列整齐成环,被染成绿色。

(5)木质部　在维管形成层以内,其中初生木质部位于茎的中心,与髓相连,所占面积很小,次生木质部占据横切面的绝大部分,由于构成它的细胞的大小和壁的厚薄不同,可以明显看出年轮的界线。次生木质部的细胞有导管、管胞、木纤维和木薄壁细胞。在次生木质部中还有许多由单列或几列薄壁细胞构成的木射线。木射线和韧皮射线合称维管射线。

(6)髓　位于茎的中心,由薄壁细胞组成。在髓的外部紧靠初生木质部处,有数层排列紧密,体积较小的薄壁细胞,称为环髓带。

四、思考题

1. 双子叶植物的茎和单子叶植物的茎的初生结构有何不同?

2. 茎的次生结构是怎样形成的?

3. 怎样区别木本双子叶植物茎的次生木质部形成的年份?

实验二十二　叶的结构

一、实验目的

观察并掌握叶片的内部结构。

二、实验器材

棉花(或蚕豆、迎春叶等)叶片横切片,玉米(或小麦、水稻等单子叶植物)叶片横切片。

显微镜。

三、实验内容和方法

1. 双子叶植物叶片的结构

取棉花(或其他双子叶植物)叶横切片观察,首先在低倍镜下区分表皮、叶肉和叶脉等基本构造(图2-31),然后再转换高倍镜进行观察。

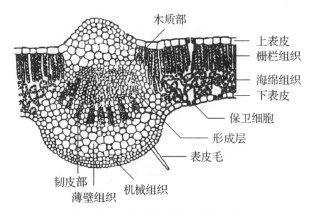

图 2-31　棉花叶片横切（过中脉）

（1）表皮　表皮由一层细胞构成，横切面上呈长方形，排列紧密，细胞外壁角质化，有角质层。在表皮细胞中，还可以观察到成对的、染色较深的小细胞——保卫细胞，保卫细胞之间的缝隙即气孔。

（2）叶肉　叶肉为上下表皮之间的绿色部分，属同化组织。靠上表皮的是栅栏组织，细胞圆柱形，细胞的长轴和叶表面垂直排列，并与表皮细胞紧密相邻。栅栏组织的细胞排列紧密而整齐，细胞内含叶绿体多。靠近下表皮的是海绵组织，细胞形状不甚规则，常呈圆形、椭圆形等。细胞排列没有定序，细胞间隙比较发达，海绵组织细胞内含叶绿体较少。气孔下方较大的细胞间隙称孔下室。

（3）叶脉　叶脉是叶肉中的维管组织，常伴生一定的机械组织，分布在维管束的上、下方。叶片的主脉具有较大的维管束，其近轴面（靠近上表皮的一面），是维管束的木质部，在远轴面，是维管束的韧皮部，两者之间也见到几层扁平细胞，为束中形成层。韧皮部的下方是较发达的薄壁组织和机械组织。

中小型叶脉中一般没有形成层，只有木质部和韧皮部，其外包围着薄壁组织构成的维管束鞘。

叶脉越分越细，其结构也越来越简单，到叶脉末端时，韧皮部已经消失，木质部也简化成一个管胞。

2. 单子叶植物叶片的结构

取玉米（或其他单子叶植物）的叶片横切片观察。其结构也可分为表皮、叶肉和叶脉三部分（图 2-32）。

（1）表皮　表皮细胞排列紧密，外壁具有角质膜。注意观察泡状细胞（运动细胞），泡状细胞位于两个叶脉之间，为大型的薄壁细胞，泡状细胞在叶的横切面上常呈扇形排列，中间的较大，两侧的较小。表皮细胞间还有气孔器，气孔内侧有气室，气孔器由两个保卫细胞和两个副卫细胞组成。

（2）叶肉　叶肉无栅栏组织和海绵组织之分，由薄壁细胞组成，细胞间隙小，细胞内含有叶绿体，属同化组织。

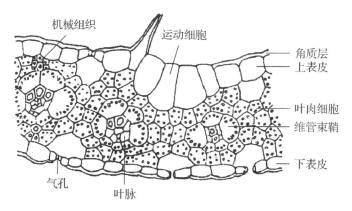

图 2-32 玉米叶的横切面（局部）

（3）叶脉 叶内维管束，木质部靠近上表皮，韧皮部靠近下表皮。玉米的维管束外有一层维管束鞘，是由较大的薄壁细胞组成，细胞内含有的叶绿体比叶肉细胞的多，为 C_4 植物。中脉处，在维管束外，上下表皮内通常可见到成束的厚壁细胞。

小麦、水稻等植物的维管束外有两层维管束鞘，外层细胞大而薄，含叶绿体比叶肉细胞少，内层细胞比较厚，细胞小，称 C_3 植物。

四、思考题

1. 栅栏组织和海绵组织的结构有什么特点，其在功能上有什么意义？
2. 气孔在上下表皮的分布有什么不同？
3. 单子叶植物叶片和双子叶植物叶片的结构有何不同？

实验二十三 花的形态与结构

一、实验目的

了解花的形态；掌握花的基本结构，熟悉花药和子房的基本结构。

二、实验器材

各种新鲜或浸制的花或花的模型，百合花药横切片，百合子房切片。
显微镜、放大镜等。

三、实验内容和方法

（一）花的基本组成
取一朵桃花，自外向内观察花萼、花冠、雄蕊、雌蕊数目、形态和着生情况。然

后将桃花纵向剖开,进一步观察。

桃花的花托呈杯状,萼片、花瓣和雄蕊着生在花托边缘轮生排列。雌蕊的子房着生于花托中央的凹陷部位。桃花的花萼由 5 片绿色叶片状萼片组成,各萼片相互离生。花冠由 5 片粉红色花瓣组成,离生。雄蕊数目多,不定数,雄蕊在花托边缘作轮生排列。雌蕊呈瓶状,分为柱头、花柱和子房三部分,子房中有胚珠,子房仅基部着生于花托上,花被着生于杯状花托的边缘。

（二）花药的结构

取百合幼嫩花药和成熟花药横切片,置显微镜下观察。

1. 幼嫩花药的结构

花药的轮廓似蝴蝶状,整个花药分左右两部分,中间有药隔相连,在药隔处可以看到自花丝进入的维管束。药隔两侧各有两个花粉囊。将视野对准其中一个花粉囊,转换至高倍镜,再仔细观察一个花粉囊的结构,由外向内可见:

（1）表皮　最外一层较小的细胞,有角质层,具有保护功能。

（2）药室内壁(纤维层)　一层近方形的较大细胞。

（3）中层　1～3 层较小的扁平细胞。

（4）绒毡层　药室最内壁,由径向伸长的柱状细胞组成,细胞较大,双核或多核,质浓,排列紧密。

（5）造孢细胞　绒毡层以内的药室中有许多造孢细胞,其细胞呈多角形,核大,质浓,排列紧密。有时可见正在进行有丝分裂的细胞。稍后发育时期的制片上,可见造孢细胞已彼此分离,形成圆球形的花粉母细胞。花粉母细胞体积大,核大,质浓,有的已经过第一次减数分裂,形成新壁,成为 2 个细胞(二分体),有的已完成减数分裂的第二次分裂,形成四分体。

2. 成熟花药的结构

花药的表皮已经萎缩,药室内壁的细胞其径向壁和内切向壁形成木质化加厚条纹,称纤维层,在制片中常被染成红色。中层和绒毡层均已破坏消失,2 个花粉囊的间隔已不存在,2 室相互沟通,花粉粒已发育成熟,花粉粒中可见 2 个核(图2-33)。

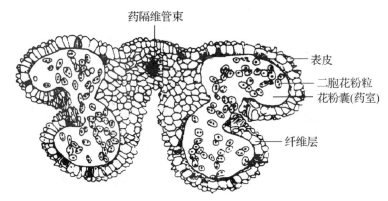

图 2-33　百合成熟花药的横切

（三）子房和胚珠结构的观察

取百合子房横切片，置低倍镜下观察（彩图 12）。

百合子房由 3 个心皮联合构成，子房 3 室。每 2 个心皮边缘联合，向中央延伸形成中轴。胚珠着生在中轴上，整个子房中共有胚珠 6 行。在横切面上可见每室内有 2 个倒生胚珠着生在中轴上，称中轴胎座。仔细辨认背缝线、腹缝线、中轴和子房室，然后选择一个通过胚珠正中的切面，仔细观察胚珠的结构（图 2-34）。

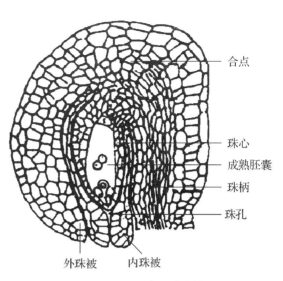

图 2-34　百合胚珠结构

1. 珠柄

在心皮边缘所组成的中轴上，是胚珠和胎座相连接的部分。

2. 珠被

是胚珠最外面的两层结构，外层为外珠被，内层为内珠被，内珠被较长。靠近珠柄一边的外珠被与珠柄愈合，此处只有内珠被。

3. 珠孔

两层珠被延伸生长到胚珠的顶端，但不联合，留有一孔，即珠孔。

4. 合点

与珠孔相对的一端，珠心、珠被、珠柄连合的部位。

5. 珠心

胚珠的中央部分为珠心，包在珠被里面。

6. 胚囊

珠心中间有一囊状结构，即为胚囊。成熟胚囊里有 7 胞 8 核，其中珠孔端 3 个细胞，中间的为卵细胞，两侧的为助细胞；合点端 3 个反足细胞，胚囊中央为两个核的中央细胞。

四、思考题

1. 一朵花由哪些部分组成？

2. 绒毡层对花粉粒的形成和发育起什么重要作用？

3. 什么叫心皮？怎样理解心皮是特化的叶？

实验二十四　生物胚胎发育

一、实验目的

1. 观察双子叶植物胚的发育过程。
2. 观察青蛙胚胎的发育过程。

二、实验器材

荠菜各发育时期的永久装片,青蛙胚胎各发育时期的永久装片。
显微镜。

三、实验内容和方法

1. 荠菜胚的发育

(1)原胚时期　从合子分裂为 2 个细胞开始到球形胚阶段称为原胚时期。

取不同发育时期的荠菜胚永久装片,分别置于低倍镜下,先后找到完整的胚珠,将胚囊部分推至视野中央,转换高倍镜观察。在胚囊的一侧,合子已分裂成四分体、八分体或球形胚。在紧靠珠孔端,有一个增大的胚柄基细胞,它与上面的单列细胞相连,共同组成胚柄,将幼胚推送到胚囊中部,以便更好地吸收营养。在原胚发育的同时,胚囊中胚乳游离核也随着核分裂而增多,但还没有形成胚乳细胞。

(2)胚分化时期　从胚开始分化出各种器官直到这些器官分化完全的时间段称为胚分化时期,包括心形胚、鱼雷形胚和手杖形胚阶段。

取胚分化时期不同阶段的装片观察。球形胚前端分化形成两个突起,此时为子叶原期,胚体呈心脏形,称心形胚;此时,部分胚乳游离核的周围出现细胞壁,形成胚乳细胞。以后,胚体分化出两片子叶和下胚轴,整个胚体呈鱼雷形,称鱼雷形胚。同时,胚乳游离核已形成了胚乳细胞。随着胚体的继续生长,由于胚囊空间的限制,子叶变弯曲,称手杖型胚;此时,胚柄已逐渐退化,但胚柄基细胞仍保留可见,胚乳细胞又逐渐解体供给胚发育。

(3)成熟胚时期和种子的形成　取成熟胚装片观察。胚已变弯曲,子叶伸展到合点端,胚根位于珠孔端。在成熟胚时期,几乎看不到胚乳细胞,种皮之内为整个胚所占满,仅在子叶和胚根的外侧紧贴珠被处及合点端有少量残存的胚乳细胞,有的甚至已完全消失。故荠菜种子为无胚乳种子。

在成熟胚时期,珠被已形成种皮,整个胚珠形成了种子。

2. 蛙早期胚胎观察

取蛙胚胎不同发育时期切片观察。

(1)单细胞期　细胞很大,通常见不到细胞膜,其中一侧细胞质浓厚,为动物极,相对的一侧细胞质较淡,为植物极。

（2）2细胞期 2个细胞大小均等,有时可见到未完全分裂开的2个细胞,其动物极细胞膜凹陷较深,植物极细胞膜凹陷较浅。

（3）多细胞期 细胞相对单细胞期和2细胞期较小,从4细胞期到32细胞期细胞呈圆球形排列,动物极细胞较小,界限清楚,植物极细胞色淡,较大,之间界限稍模糊。

（4）囊胚期 近动物极出现一囊胚腔,囊胚腔底部稍平坦。

（5）原肠胚 囊胚腔依然存在,在胚胎中部稍偏下方,出现了朝向动物极——囊胚腔方向的小腔即原肠腔。以后,原肠腔逐渐增大,囊胚腔逐渐缩小,消失。

四、思考题

1. 双子叶植物的胚由哪些部分组成,它们是怎样形成的?
2. 为什么多细胞期的细胞比单细胞期或2细胞期的细胞为小?

实验二十五 果蝇的单因子遗传试验

一、实验目的

理解基因的分离定律的原理,掌握果蝇的杂交技术。

二、实验原理

等位基因在配子形成时,两者发生分离,分配到不同的配子中去。配子分离比为1:1。如果配子受精机会均等,则其子二代则有三种基因型,比例为1:2:1。若显性完全,子二代表型分离比是3:1。这就是分离定律。

选择长翅和残翅这一相对性状的果蝇,进行杂交。长翅（＋/＋）果蝇,翅长过尾部,野生型果蝇为长翅;残翅（vg/vg）果蝇,双翅几乎没有,只有少量残痕,无飞翔能力。长翅对残翅显性完全。

三、实验器材

长翅果蝇＋/＋和残翅果蝇 vg/vg。
麻醉瓶,白瓷板,海绵,放大镜,毛笔,镊子,培养瓶(已置果蝇培养基)。
乙醚。

四、实验内容和方法

1. 选野生型果蝇和残翅果蝇为亲本
雌蝇一定要选处女蝇(未交配过的雌果蝇)。处女蝇在实验前2～3天陆续收

集,数目多少根据需要而定。雌果蝇生殖器官有受精囊,可保留交配所得的大量精子,能使日后产下的卵受精。因此在做杂交时,雌体必须选用处女蝇。雌蝇羽化出来 8～12 小时内一般不会交配,选择在这个时间段,收集雌体,均属处女蝇,可放心做为杂交亲本用。

2. 长翅果蝇和残翅果蝇杂交

(1) 正交 长翅(♀)×残翅(♂)。把长翅处女蝇倒出麻醉,挑出 5～6 只移到杂交瓶中。其后,把残翅倒出麻醉,在放大镜下白瓷板上仔细挑出 5～6 只雄蝇,移到上述杂交瓶中。

(2) 反交 长翅(♂)×残翅(♀)。同法,选择残翅处女蝇和长翅雄果蝇。

(3) 贴标签 饲养瓶上贴好标签,标注杂交的亲本、杂交时间、实验者姓名等信息(图 2-35 示范,具体内容按实填写),杂交瓶放到 25℃温箱中培养。

```
┌─────────────────────────────┐
│          正交               │
│  P:长翅(♀)×残翅(♂)        │
│                             │
│  日期:      月    日       │
│                             │
│  姓名:                     │
└─────────────────────────────┘
```

图 2-35 示范标签

3. 收集 F1 代,自交,统计 F2 代性状

(1) 亲代温箱培养 7～8 天后,可见培养基面上有许多幼虫在爬动,这是子代的幼虫,这时可将两亲本倒出,以免和子代混淆。

(2) 再过 4～5 天,F1 成蝇出现,观察 F1 翅膀,连续检查 2～3 天。

(3) 麻醉 F1 成蝇,移出 5～6 对果蝇,放到另一培养瓶内,这里雌蝇无须处女蝇,在 23℃温箱中培养。

(4) 7～8 天后,移去 F1 亲本。

(5) 再过 4～5 天,F2 成蝇出现,开始观察性状和计数,连续统计 7～8 天。被统计过的果蝇放到死蝇盛留器中。结果记录于表 2-4。

表 2-4 果蝇杂交 F2 代性状统计表

统计日期	观察结果			
	长翅(♀)×残翅(♂)		长翅(♂)×残翅(♀)	
	长翅数	残翅数	长翅数	残翅数
合计				

五、思考题

1. 为什么雌果蝇要选处女蝇?

2. 正交和反交的统计结果相同吗？

3. F1 代的性别比例如何？

实验二十六　果蝇唾腺染色体标本的制备与观察

一、实验目的

学习取出果蝇等幼虫唾腺的技术和制作唾腺染色体标本的方法；观察多线染色体的特征。

二、实验器材

受精的雌果蝇。

解剖镜，显微镜，解剖针，镊子，载玻片，盖玻片，吸水纸。

1％的醋酸洋红染液（1 g 洋红，溶解于 100 ml、45％的乙酸溶液中煮沸，冷却后过滤），Ephrussi-Beaclle 生理盐水（7.5 g NaCl，0.35 g KCl，0.2 g CaCl₂ 溶解于 1 000 ml 蒸馏水中）。

三、实验内容和方法

1. 三龄幼虫的培养

取 20～30 只受精的雌果蝇于培养基中，在 25℃的恒温箱中饲养，7 天左右，得到肥大的果蝇三龄幼虫。

2. 剥离唾腺

在一干净的载玻片上滴一滴生理盐水，选择行动迟缓、肥大、爬在瓶壁上即将化蛹的三龄幼虫置于载玻片上，每只手各持一个解剖针，在解剖镜下进行操作。由于果蝇的唾腺位于幼虫体前 1/3～1/4 处，所以左手持解剖针按压住虫体前端 1/3 的部位，固定幼虫，右手持解剖针扎住幼虫头部口器部位，适当用力向右拉，唾液腺体随之而出（图 2-36）。

唾腺是一对透明的囊状结构，外有白色的脂肪组织（不透明），在腺体的前端各延伸出一细管汇合在一起与口器相连，相对于其他组织唾腺最为透明，辨别时应在明亮的光源下进行，果蝇的唾腺细胞很大，在解剖镜下可以看见其轮廓。用解剖针去除唾腺以外的组织，再小心地剔除唾腺上的脂肪。

3. 染色

把唾腺组织移到干净的，预先滴有醋酸洋红的载玻片上，固定，染色 10 min。

4. 压片

染色完成后，盖上干净的盖玻片，并覆一层滤纸，将片子放在实验台上，用大拇

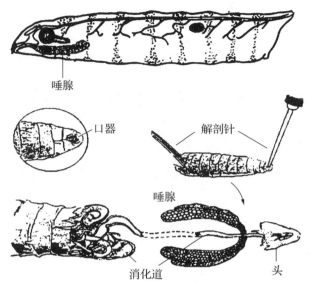

图 2-36 果蝇唾腺剥离示意图

指用力压住,并横向揉几次。(注意不要使盖玻片移动,用力和揉动是一个方向,不能来回揉。)

5. 镜检

先用低倍镜进行观察,找到分散好的染色体后,再转用高倍镜进行观察。

果蝇唾腺染色体共有 8 条($2n=2\times4=8$)(图 2-37);体细胞内染色体配对,而短小的第 4 对染色体和 X 染色体的着丝粒在端部,所以它们看上去,各自只形成一条点状(第 4 对)和线状染色体(X 染色体)。只有第 2 和第 3 染色体的着丝粒在中央,它们从染色中心以 V 字形向外伸出(2L、2R、3L、3R),因此果蝇唾腺巨大染色体,看起来共有 6 条臂,所以理想情况下,果蝇的唾腺染色体应该是清晰的 5 条长臂加一条短臂。5 条长臂分别为 X、2R、2L、3R、3L 和短臂 4 号染色体(图 2-38)。由于短小的第 4 对染色体有时不易观察到,所以最容易观察到的是 5 条长臂(图 2-39)。雄果蝇的 Y 染色体几乎包含在染色中心里,因为是异染色质,看起来染色可能淡些。有经验的人可以发现雄果蝇的 X 染色体比雌果蝇 X 染色体要细些,因为雄性只有一条 X 染色体。

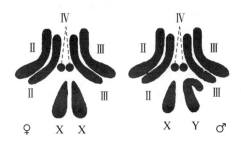

图 2-37 果蝇的染色体核型

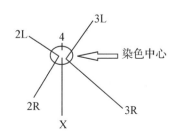

图 2-38 果蝇唾腺染色体核型模式图

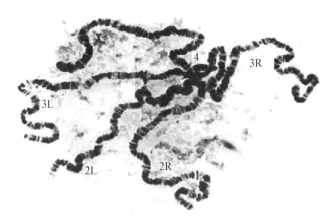

图 2-39 果蝇唾腺染色体

果蝇唾腺染色体为多线染色体,形成原因是由于染色体不断复制,但细胞不分裂从而形成了多线染色体。唾腺染色体上的横纹宽窄、浓淡是一定的。

四、思考题

1. 剥离果蝇幼虫的唾腺时,需要注意哪些共同的问题?
2. 根据你的观察,判断果蝇各染色体的着丝粒位于什么区域?

实验二十七　动物细胞 DNA 的提取

一、实验目的

1. 了解动物基因组 DNA 的提取原理。
2. 掌握从动物组织样品中制备高质量基因组 DNA 的方法。

二、实验原理

DNA 是一切生物细胞的重要组成成分,主要存在于细胞核中。在 EDTA 和 SDS 等去垢剂存在的条件下,破碎细胞,用蛋白酶 K 消化细胞;苯酚和氯仿可使蛋白质变性,用其混合液(酚∶氯仿∶异戊醇)重复抽提,使蛋白质变性,然后离心除去变性蛋白质,无水乙醇沉淀,可以得到动物基因组 DNA。用此方法得到的 DNA,适用于 PCR 扩增、基因组文库构建和 Southern 杂交等实验分析。

三、实验器材

新鲜或冰冻的动物组织。
高速离心机,烘箱,冰箱,水浴锅,高压灭菌锅;手术剪刀,镊子,吸水纸,微量加

样器,玻璃匀浆器,2.5 ml 离心管,离心管架,一次性手套,记号笔等。

生理盐水,组织匀浆液[100 mmol/L NaCl,10 mmol/L Tris·HCl(pH 8.0),25 mmol/L EDTA(pH 8.0)],裂解缓冲液[200 mmol/L NaCl,20 mmol/L Tris·HCl(pH 8.0),50 mmol/L EDTA(pH 8.0),1% SDS],蛋白酶 K 溶液(20 mg/ml);RNA 酶溶液(将胰 RNA 酶溶解于酶溶解液,酶的终浓度为 10 mg/ml;将酶液置于 100℃水浴处理 15 min,使 DNA 酶失活,缓慢冷却到室温,如所购酶粉不含 DNA 酶,则无需水浴处理;−20℃保存),TE 缓冲液[10 mmol/L Tris·HCl(pH 8.0),1 mmol/LEDTA(pH 8.0)],Tris 饱和酚,氯仿,异戊醇,无水乙醇,75%乙醇,3 mol/L 醋酸钠溶液。

四、实验内容和方法

(一)DNA 提取步骤

1. 组织样品的处理

切取新鲜的(或冷冻的)动物组织 1 g,除去结缔组织,用预冷至 4℃的生理盐水清洗 3 次;在冰浴中剪碎后,置于玻璃匀浆器,加入约 2.0 ml 组织匀浆液匀浆至无明显组织块存在。

2. 细胞裂解

将匀浆后成分移至 2.5 ml 离心管中,在 4℃条件下 5 000 rpm 离心 30~60 s,弃上清液;向沉淀细胞中加入等体积的裂解缓冲液,再加入蛋白酶 K 溶液至终浓度 200 μg/ml,翻转混匀(动作一定要轻柔)后于 55℃水浴中缓慢振荡处理 12~18 h。

在混合物中加 RNA 酶溶液至终浓度 200 μg/ml,37℃水浴 1 h。

3. 抽提

裂解处理后的混合物中加入等体积的饱和酚/氯仿/异戊醇(25:24:1)混合液(现配现用),缓慢旋转摇匀 5 min 后 4℃ 10 000 rpm 离心 10 min;用宽口径吸管谨慎地吸取上层水相,转移至另一离心管中(注意勿吸出界面中蛋白沉淀),加等体积氯仿/异戊醇(24:1),4℃ 10 000 rpm 离心 10 min。如果界面或水相中蛋白含量较多,可重复操作 2~3 次。

4. 乙醇沉淀

用宽口径吸管小心吸出上层含 DNA 的水相,转移至离心管中加 1/10 体积的 3 mol/L 醋酸钠溶液使其终浓度达到 0.3 mol/L,再向每管中加入 2.5 倍体积的预冷无水乙醇,上下倒置混匀,−20℃过夜。

12 000 rpm 离心 10 min,弃上清液;75%的预冷乙醇洗涤一次,12 000 rpm 离心 10 min,弃上清液;用吸管将管壁残留的乙醇去除,室温干燥 10~15 min(不要等 DNA 沉淀完全干燥,否则 DNA 不易溶解)。

5. DNA 的溶解与保存

在盛有干燥 DNA 的离心管中加入适量 TE 缓冲液(100～200 μl),于 4℃下存放,轻摇溶解过夜。DNA 溶液分装后通常 4℃保存备用,如果需要长期保存,应在－20℃以下保存。

(二)紫外吸收法(分光光度计)检测 DNA 浓度和质量

取适量 DNA 样品,双蒸水稀释 50 倍以上,用紫外分光光度计测定其光吸收值。

DNA 分子中的嘌呤环和嘧啶环能够很好地吸收 260 nm 附近的紫外光,因而可以利用紫外吸收的方法测定 DNA 浓度和质量。1 μg/ml DNA 溶液在 260 nm 波长下的吸光值(OD260)为 0.02,当 OD260＝1.0 时,样品的浓度则为 50 μg/ml。

记录紫外分光光度计上测得的吸光值 OD260,按以下公式计算待检 DNA 样品的浓度:

$$DNA 样品的浓度(μg/ml)＝50×OD260 值$$

蛋白质对紫外光吸收的高峰在 280 nm 处,如果蛋白质清除得比较彻底,则待检 DNA 样品的 OD260/OD280 应在 1.8 左右。如果测得的比值大大低于 1.8,则说明样品中还存在着较多的蛋白质,如果测得的比值大大高于 1.8,则说明样品中还存在着较多的 RNA。

酚对紫外光吸收的高峰在 270 nm 处,如果测得的 OD260/OD270 比值在 1.2 左右,则表明样品中不含酚。

盐和小分子对紫外光吸收的高峰主要集中在 230 nm 处,OD230/OD260 的比值应在 0.4～0.5 之间,如果比值较高说明有残余的盐和小分子物质存在。

五、思考题

1. 本实验中哪些措施是用于去除蛋白质的?

2. 提取 DNA 后,为何要进行样品检测?

附:试剂(含母液)配方

1. 生理盐水:0.85％ NaCl 100 ml

在 20 ml 双蒸水中溶解 0.85 g 固体 NaCl,加水定容至 100 ml,摇匀后,转到准备好的玻璃瓶中,贴上标签,高压灭菌后,降至室温,4℃保存备用。

2. 1 mol/L 的 Tris-HCl(pH8.0)溶液 50 ml

40 ml 双蒸水,6.057 g 固体 Tris 放入烧杯中溶解,用浓盐酸调 pH 到 8.0,转移到 50 ml 容量瓶中,加入双蒸水定容,摇匀后,转到准备好的玻璃瓶中,贴上标签,高压灭菌后,降至室温,4℃保存备用。

3. 0.5 mol/L EDTA pH8.0 溶液 50 ml

将 9.08 g 的 EDTA·Na₂·2H₂O 溶解于 40 ml 双蒸水,用 1 g 的 NaOH 颗粒

(慢慢逐步加入)调 pH 到 8.0,用 50 ml 容量瓶定容,如果 EDTA 难溶,先加 NaOH 溶解,然后逐步加 EDTA·Na$_2$·2H$_2$O。

4. 5 mol/L 的氯化钠溶液 100 ml

将 29.22 g 的 NaCl 溶解于 100 ml 双蒸水。

5. 10% SDS 100 ml

将 10 g 的十二烷基硫酸钠(SDS)溶解于 80 ml 双蒸水于 68℃加热溶解,用浓 HCl 调至 pH=7.2,定容至 100 ml,摇匀后,转到准备好的玻璃瓶中,贴上标签,4℃保存备用。

6. 3 mol/L 醋酸钠溶液 100 ml

将 24.609 g 醋酸钠溶解于 100 ml 双蒸水,高压灭菌,4℃保存备用。

7. 组织匀浆液 50 ml

取 5 mol/L 的氯化钠溶液 1 ml,1 mol/L 的 Tris-HCl(pH 8.0)溶液 0.5 ml,0.5 mol/L EDTA pH 8.0 溶液 2.5 ml 加水定容至 50 ml,高压灭菌后,降至室温,4℃保存备用。

8. 裂解缓冲液 50 ml

取 5 mol/L 的氯化钠溶液 2 ml,1 mol/L 的 Tris-HCl(pH 8.0)溶液 1 ml,0.5 mol/L EDTA pH 8.0 溶液 5 Ml,10% SDS 5 ml,加水定容至 50 ml,高压灭菌后,降至室温,4℃保存备用。

9. 蛋白酶 K 溶液:无菌三蒸水溶解,浓度 20 mg/ml,配好后用一次性过滤器过滤,−20℃保存。

10. 酶溶解液 50 ml

1 mol/L 的 Tris-HCl(浓盐酸调 pH 为 7.5)溶液 0.5 ml,加 5 mol/L 的 NaCl 溶液 0.15 ml,无菌水定容至 50 ml。

11. TE 缓冲液(溶解 DNA)pH 8.0 50 ml

将 0.5 ml 的 1 mol/L Tris-HCl(pH 8.0)、0.1 ml 的 0.5 mol/L EDTA(pH 8.0)加入到 50 ml 的容量瓶中,调 pH 8.0 定容至 50 ml 摇匀后,转到准备好的瓶中,贴上标签,高压灭菌后,降至室温,4℃保存备用。

实验二十八　植物细胞 DNA 的提取

一、实验目的

CTAB 法是一种快速简便的提取植物总 DNA 的方法,通过实验,掌握 CTAB 法从植物叶片提取 DNA 的原理和方法。

二、实验原理

CTAB(hexadecyltrimethylammonium bromide,十六烷基三甲基溴化铵),是一种阳离子去污剂,具有从低离子强度溶液中沉淀核酸与酸性多聚糖的特性。在高离子强度的溶液中(>0.7 mol/L NaCl),CTAB 与蛋白质和多聚糖形成复合物,只是不能沉淀核酸。通过有机溶剂抽提,去除蛋白、多糖、酚类等杂质后,加入乙醇沉淀即可使核酸分离出来。采用机械破碎植物细胞,然后加入 CTAB 分离缓冲液,将 DNA 溶解出来,再经氯仿-异戊醇抽提除去蛋白质,最后得到 DNA。

三、实验器材

新鲜植物幼嫩组织、花等。

高速冷冻离心机,恒温水浴,液氮或冰浴设备,磨口锥形瓶,微量加样器,离心管。

CTAB 提取缓冲液(100 mmol/L Tris-HCl,20 mmol/L EDTA,1.4 mol/L NaCl,2% CTAB,pH 8.0,使用前加入 0.1% 体积比的 β-巯基乙醇),TE 缓冲液(10 mmol/L Tris-HCl,1 mmol/L EDTA,pH 8.0),氯仿,异戊醇,70% 乙醇。

四、实验内容和方法

1. 取 $1\sim50$ g 新鲜植物材料,于液氮中研成粉(无液氮,也可在 $-80℃$ 冰箱冷冻后,于研钵中研磨)。

2. 将冻粉转入预冷的离心管中,立即加入等体积的 CTAB 提取缓冲液(使用前加入 0.1% 体积比的 β-巯基乙醇),65℃保温 $10\sim20$ min,其间不时摇动。

3. 加入等体积的氯仿/异戊醇(24:1),轻缓颠倒离心管混匀,室温下,12 000 rpm 离心 $10\sim20$ min。

4. 将上清液转入另一离心管中,加入等体积的氯仿/异戊醇(24:1),颠倒离心管混匀,室温、12 000 rpm 离心 10 min。

5. 将上层水相转入新的离心管中,加入 $0.6\sim1$ 倍体积的异丙醇(或加入 2.5 倍体积预冷的无水乙醇),混匀,室温下放置 30 min。

6. $3\,500\sim4\,000$ rpm 离心 $5\sim10$ min,去上清液,70% 乙醇漂洗,沉淀吹干。

7. 吹干后,加入 40 μl(根据材料多少适当增减)的 TE 缓冲液溶解 DNA,$-20℃$ 保存备用。

8. 样品检测 参看实验二十七。

五、思考题

提取植物 DNA 与提取动物 DNA 在提取方法上有哪些针对性的措施?

附:试剂配方

1. 母液配方和 TE 缓冲液,参看实验二十七附。
2. CTAB 提取缓冲液 200 ml

4 g CTAB 溶于 70 ml 双蒸水,加 1 mol/L Tris-HCl(pH 8.0)20 ml,0.5 mol/L EDTA(pH 8.0)8 ml,5 mol/L 的氯化钠 56 ml,加双蒸水定容至 200 ml,高压灭菌后,降至室温,4℃保存备用。使用前加入 0.1%体积比的 β-巯基乙醇。

实验二十九 基因的体外扩增(PCR 技术)

一、实验目的

熟悉运用 PCR 技术对 DNA 上某一特定片段(基因),进行体外大量复制的方法,为 DNA 的序列分析提供材料。

二、实验原理

聚合酶链式反应(PCR)技术,是一种用于放大扩增特定的 DNA 片段的分子生物学技术,是在生物体外对特殊的 DNA 进行大量复制。通过 PCR 技术,可将微量的 DNA 进行大幅扩增,如化石中的古生物、多年前生物体的遗留物,只要有微量的 DNA 残留,都可以运用 PCR 技术,对其量进行放大,从而进行比对观察研究。

PCR 在体外模拟 DNA 的复制。DNA 在体外 95℃高温时,变性变成单链,以单链为模板,在较低温度时(40～60℃)。外加的特异性引物,和按碱基互补配对的原则与单链 DNA 结合,再调温度至 DNA 聚合酶最适反应温度(72℃左右),在 DNA 聚合酶的作用下,从引物端开始,沿着 $5'-3'$ 的方向延伸,合成新的 DNA 互补链,这一过程称一个循环,结果一个循环,所要扩增的 DNA 片段(即 DNA 上两引物之间的区域),增加一倍。重复以上高温变性、低温复性、中温延伸的过程,经过 30 个左右的循环,DNA 被大量复制,数量可达 2^{30} 个。

三、实验器材

PCR 仪,高速离心机,Ep 管,电泳仪,电泳槽,微量加样器。

超纯水,10×PCR Taq 缓冲液,dNTP 混合液(10 mmol/L),模板 DNA(100 ng/μl),上、下游引物(浓度均为 10 pmol/L),Taq DNA 聚合酶(1 000 U/ml),琼脂,1×TAE 电泳缓冲液,10 mg/ml 溴化乙啶,DNA 电泳上样缓冲液(含电泳示踪剂溴酚蓝),DNA Marker(分子大小标志物)。

四、实验内容和方法

（一）扩增过程

1. 配制 PCR 反应体系

参考表 2-5，将各成分加入无菌的 Ep 管内（PCR 反应体系，根据提供 PCR 反应体系试剂的厂家的说明书使用）。

表 2-5 PCR 反应体系（30 μl）

组分	实验组（μl）	阴性对照组（μl）
10×PCR Taq 缓冲液	3.0	3.0
dNTP（10 mmol/L）	2	2
引物 1（上游引物，10 pmol/L）	1.0	1.0
引物 2（下游引物，10 pmol/L）	1.0	1.0
Taq DNA 聚合酶	0.2	0.2
模板 DNA*	1~2	—
超纯水（ddH$_2$O）	加至 30 μl	加至 30 μl

注：* 不同来源的 DNA 模板，最佳使用量不同

2. 反应前，尽量将反应管保持在冰上。

3. 用手指轻弹管壁数次，混匀溶液，立即高速离心 5 s，使反应液集中在管底。

4. 按以下程序进行 PCR 反应：94℃ 1 min，30 个循环（94℃，30 s，变性；50℃，30 s，复性；72℃，30 s，延伸），72℃，10 min，延伸补齐。

5. 反应结束后，4℃保存，待电泳检测。

（二）扩增结果检测

将 PCR 扩增产物，用 1% 的琼脂糖凝胶电泳检查，用 DNA 大小标准品（DNA Marker）作为相对分子质量指示物。以能看到片段大小、条带清晰的结果为最佳。

1. 用 1×TAE 电泳缓冲液配制 1% 的琼脂糖电泳凝胶。1.0 g 琼脂糖加 100 ml 电泳缓冲液，微波炉加热至沸腾，熔化琼脂物后，冷却至 60℃ 时加入 10 mg/ml 溴化乙啶 5 μl（终浓度为 0.5 μg/ml），充分混匀，将温热的凝胶倒入已置好梳子的胶模中，在室温下放置 30~45 min（可以放入 4℃ 冰箱加快琼脂糖凝固）后，进行电泳。

2. 取 5 μl PCR 反应产物，1 μl 含示踪剂（溴酚蓝）的 DNA 上样缓冲液，混匀，加入各自凝胶样孔，隔一加样孔，加 DNA Marker。

3. 电泳 50~80 V，电场强度不宜高于 5 V/cm。

4. 电泳结束后，取胶板，采用凝胶成像系统拍照。

五、思考题

1. 阴性对照有何意义？

2. PCR 的扩增终产物中有哪些成分？从理论上分析，30 个循环后，各有多少量？

3. 普通的 DNA 聚合酶可在本实验中使用吗？

附：试剂配方（含母液）

1. 50×TAE 缓冲液 1 000 ml

242 g Tris，加双蒸水 600 ml 充分溶解，加 57.1 ml 冰醋酸，加 100 ml 的 0.5 mol/L EDTA，定容至 1 000 ml。

2. 1×TAE 电泳缓冲液 1 000 ml

取 50×TAE 缓冲液 200 ml，加双蒸水至 1 000 ml。

3. DNA 电泳上样缓冲液 10 ml

溴酚蓝 25 mg，蔗糖 4 g，溶于 10 ml 双蒸水，4℃保存。

4. 10 mg/ml 溴化乙啶 10 ml

溴化乙啶 100 mg，双蒸水 10 ml。

溴化乙啶是强诱变剂，配制时要戴手套，贮于棕色试剂瓶中，避光，4℃贮存。

实验三十　质粒 DNA 的小量提取及检测

一、实验目的

掌握碱性裂解法小剂量制备质粒 DNA 的原理、方法和技术。

二、实验原理

质粒 DNA 的小量制备用于抽提微克级的质粒 DNA，碱裂解法是最常用的小量制备质粒 DNA 的方法。

分离质粒 DNA 时，需要去除菌体的染色体 DNA，蛋白质以及 RNA。当菌体在 NaOH 和 SDS 溶液中裂解时，蛋白质与 DNA 发生变性，而随后加入中和液后，质粒 DNA 分子能够迅速复性，呈溶解状态，离心时留在上清液中；而染色体 DNA 则不能复性而形成缠连的网状结构，与不稳定的大分子 RNA、蛋白质-SDS 复合物等呈絮状，离心时可沉淀下来。降解的小分子 RNA 可通过 Rnase A 处理去除，未除净的蛋白质可通过苯酚/氯仿抽提除去。

三、实验器材

含 pUC18(Amp^r)质粒的大肠杆菌 DH5α。

恒温摇床,漩涡混合器,高速离心机,离心管,微量加样器,紫外分光光度计。

含氨苄西林(Amp,100 μg/ml)的 LB 液体培养基,RNase A,预冷无水乙醇,70%乙醇,TE 缓冲液(10 mmol/L Tris-HCl pH 8.0,10 mmol/L EDTA),溶液Ⅰ(细菌重悬液,50 mmol/L 的葡萄糖,25 mmol/L Tris-HCl,10 mmol/L EDTA,pH 8.0);溶液Ⅱ(细菌裂解液,0.2 mol/L NaOH,1% SDS 的溶液),溶液Ⅲ(pH 4.8,5 mol/L 的醋酸钾,冰醋酸和水按 60.0∶11.5∶28.5 的比例配制),溶液Ⅳ(酚、氯仿与异戊醇 25∶24∶1 混合)。

四、实验内容和方法

(一) 提取过程

1. 挑取大肠杆菌的一个单菌落至 5 ml 含 Amp 的 LB 培养液中,37℃,250 rpm,培养过夜(16~24 h)。

2. 取 1.5 ml 培养物至塑料离心管中,12 000 rpm,离心 30 s,后弃去上清液,留下细胞沉淀。

3. 将细菌沉淀悬浮于 200 μl 预冷的溶液Ⅰ中,用漩涡混合器混匀。

4. 加 200 μl 现配的溶液Ⅱ,盖紧管口,轻柔颠倒 5~6 次以混匀内容物。冰上放置 5 min。注意不要强烈振荡。

5. 加入 150 μl 溶液Ⅲ(冰上预冷),盖紧管口,温和振荡,冰上放置 5 min,使细胞壁和蛋白等沉淀。

6. 4℃,12 000 rpm,离心 5 min,将上清转移至另一小离心管中。

7. 加入等体积的溶液Ⅳ。振荡混匀,4℃,12 000 rpm,离心 5 min,将上清转移到另一离心管中。

8. 加入 2 倍体积的冷无水乙醇,混匀,冰上静置 30 min,以沉淀核酸 DNA。

9. 4℃,12 000 rpm,离心 15 min,弃上清液,把离心管倒扣在吸水纸上,吸干液体。

10. 加入 1 ml 70%的乙醇洗涤质粒 DNA 沉淀,盖严管盖,颠倒数次,4℃,12 000 rpm,离心 10 min,弃上清,真空干燥或室温蒸发 10 min。

11. 加入 50 μl TE 缓冲液(含 20 μg/ml RNase A),使 DNA 完全溶解。

12. 37℃,保温 20 min,消化 RNA,取出置－20℃保存,备用。

(二) 质粒含量及纯度检测

1. 分光光度计法检测。

(1) 取 2 μl 提取的质粒 DNA,加入 98 μl 蒸馏水对待测样品做 1∶50 稀释(或更高倍数稀释)。

（2）参看实验二十七，"紫外吸收法（分光光度计）检测DNA浓度和质量"判断DNA的纯度和浓度。

2. 亦可采用琼脂糖凝胶电泳法（参看实验二十九）。

五、思考题

1. 溶液Ⅰ、溶液Ⅱ和溶液Ⅲ在提取质粒的过程中的作用分别是什么？
2. 还有哪些方法可以检测质粒的浓度及纯度？

附：试剂配方

1. 含氨苄西林（Amp，100 μg/ml）的LB液体培养基 1 000 ml

蛋白胨 10 g，酵母膏 5 g，NaCl 10 g，氨苄西林 100 mg，蒸馏水 1 000 ml，pH 7.0，121℃灭菌 15 min。（抗生素可于灭菌后加入）。

2. TE缓冲液　参看实验二十七。

3. 溶液Ⅰ 100 ml

0.9 g葡萄糖溶于 30 ml双蒸水，加 1 mol/L Tris-HCl（pH 8.0）溶液 2.5 ml，加 0.5 mol/L EDTA（pH 8.0）溶液 2 ml，加双蒸水至 100 ml，高压灭菌，4℃保存。（母液配方参看实验二十七，单次使用，无需母液，直接称量配制）

4. 溶液Ⅱ 100 ml

NaOH 0.8 g，SDS 1 g，溶于 100 ml双蒸水，高压灭菌，4℃下保存。

实验三十一　质粒 DNA 的转化

一、实验目的

学习将外源质粒DNA转入受体菌细胞并筛选转化体的方法。

二、实验原理

把外源DNA分子导入到某一宿主细菌细胞的过程称为转化。当细菌处于感受态，即处于容易吸收外源DNA的状态时，转化较易发生。当受体菌处于感受态时，转化混合物中质粒DNA黏附于细菌表面，经 42℃短时间热冲击处理，促进细胞吸收外源DNA。在培养基上生长数小时后，细胞复原并分裂增殖。被转化的细菌中，载体中抗抗生素基因得到表达，在选择性培养基平板上，可选出所需的转化子。

三、实验器材

大肠杆菌 DH5α，pUC18（Amp 抗性）质粒DNA。

超净工作台,电热恒温培养箱,电热恒温水浴锅,小塑料离心管,涂布棒微量取样器,冰盒等。

LB 液体培养基(配方参看实验三十),含 Amp 的 LB 固体培养基(将配好的 LB 固体培养基高压灭菌后冷却至 60℃左右,加入 Amp 储存液,使终浓度为 50 μg/ml,摇匀后铺板)。

四、实验内容和方法

1. 从冰箱中取出感受态细胞,放置冰上。

2. 分别取 200 μl 感受态细胞悬液于 2 只小塑料离心管中。

第一管加入 10 μl 重组质粒 DNA 为实验组,第二管加 10 μl 无菌水,为无质粒阴性对照组。加样后,轻轻摇匀,冰上放置 30 min。

3. 将小管放入 42℃恒温水浴锅中 90 s,迅速将其移到冰浴中,冷却 2 min。

4. 向管中加入等体积的 LB 液体培养基(不含抗生素),混匀后,37℃振荡培养 1～1.5 h,使细菌恢复正常生长状态,并表达质粒抗性基因编码的抗性蛋白。

5. 将上述菌液摇匀后,取 100 μl 涂布于含有 Amp 的 LB 固体培养基的筛选平板上,涂布之后,在 37℃培养箱中正面向上放置半小时,待菌液完全被培养基吸收后,倒置培养皿,37℃培养 12～16 h。

为进一步排除假阴性或假阳性结果,用已知含抗药性质粒的大肠杆菌做阳性对照,用单纯的质粒做阴性对照。

6. 观察并记录实验结果。

五、思考题

1. 如果 DNA 转化后,没有得到转化子或者转化子很少,分析其原因。

2. 如何提高转化效率?

实验三十二　河蚌的解剖

一、实验目的

通过对河蚌的外形和内部结构的观察,了解软体动物的一般结构及其特征。

二、实验材料

活体河蚌。
常规解剖器,放大镜等。

三、实验内容

（一）外形

河蚌壳左右两瓣，近椭圆形，前端钝圆，后端稍尖，两壳铰合的一面为背面，分离的一面为腹面。

1. 壳顶

壳背方隆起的部分，略偏向前端。

2. 生长线

壳表面以壳顶为中心，与壳的腹面边缘相平行的弧线。

3. 韧带

角质，褐色，具韧性，为左右壳背方关连的部分。

（二）内部构造（图 2-40）

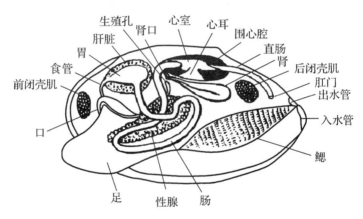

图 2-40　河蚌的内部结构

1. 剖壳观察

用解剖刀柄自两壳腹面中间合缝处平行插入，扭转刀柄，将壳稍撑开，然后插入镊子柄取代刀柄，取出解剖刀，以其柄将内表面紧贴左壳的外套膜轻轻分离，再以刀锋紧贴贝壳切断前后近背缝处的闭壳肌，揭开左壳，可见下面结构。

（1）闭壳肌　是河蚌身体前后端的各一大束横向肌肉柱，前端的为前闭壳肌，后端的为后闭壳肌。在贝壳内面，闭壳肌与贝壳相接的地方有明显的横断面痕迹。

（2）伸足肌　为紧贴前闭壳肌内侧腹方的一小束肌肉，可在贝壳内面见其横断面的痕迹。

（3）缩足肌　是在前、后闭壳肌内侧背方的小束肌肉，可在贝壳内见其横断面痕迹。

（4）外套膜和外套腔　在体部两侧的片状透明膜状结构称为外套膜，左右外套膜所包含的腔称为外套腔。

（5）外套线　外套膜腹缘在壳内面腹缘附近附着留下的弧形线痕称为外

套线。

(6) 入水管与出水管 外套膜的后缘部分合抱形成的两个短管状构造,腹方的为入水管,背方的为出水管。

(7) 足 位于两外套膜之间,斧状,富有肌肉。

2. 器官系统观察

(1) 呼吸系统 将左侧外套膜向背方提起,可见足的后缘各有两片瓣状鳃悬挂于外套腔内,靠近外套膜的1片称外鳃瓣,靠近足的1片称为内鳃瓣。每片鳃瓣又由外侧的外鳃小瓣和内侧的内鳃小瓣组成。内鳃小瓣和外鳃小瓣在腹缘及前后缘彼此相连,中间由瓣间隔将它们分开,鳃小瓣之间的背方空腔称鳃上腔。

(2) 循环系统 可以观察到围心腔、心脏、前大动脉和后大动脉。内脏团背侧,贝壳铰合部附近有一透明的围心膜,其内的空腔为围心腔。心脏在围心腔内,由心室和左右心耳组成,心室为长圆柱形富有肌肉的囊,能收缩,其中有直肠贯穿,心耳为位于心室下方、左右两侧的三角形薄壁囊,也能收缩。前大动脉沿直肠的背方向前走,后大动脉沿直肠的腹侧向后走。

(3) 排泄系统 排泄系统由肾脏和围心腔腺组成。肾脏1对,位于围心腔腹面左右两侧,由肾体和膀胱组成。沿鳃的上缘剪去鳃及外套膜即可看到。肾体呈黑褐色,海绵状,前端有短管,以肾口开口于围心腔前端腹面的两侧。膀胱位于肾体的背方,管壁薄,以排泄孔开口于内鳃瓣的鳃上腔。围心腔腺位于围心腔前端的两侧,为1对赤红色的分支状腺体,能吸收血液中渗出的废物,并排入围心腔中。

(4) 生殖系统 河蚌雌雄异体,从外观上不易区别。生殖腺位于足背方内脏团中、肠的周围。精巢乳白色,卵巢淡黄色。左右两侧生殖腺各以一短管开口于内鳃瓣的鳃上腔中。生殖孔位于肾孔的下方。

(5) 消化系统 由口、食管、胃、肠、直肠和肝脏组成。口位于前闭壳肌的下方,其两旁各有2片三角形的触唇。触唇表面密布纤毛。食管是口后的短管。胃是食管后的膨大的囊。肝脏是包围在胃四周不规则的黄绿色腺体。胃后是肠,肠很长,盘曲于内脏团中。直肠经内脏团的背方,上行穿过心室,最后以肛门开口于后闭壳肌背方的出水管处。

(6) 神经系统 取已经解剖好的标本进行观察。河蚌的神经系统不发达,由3对分散的神经节和其间相连的神经索组成。脑神经节位于食管两侧(将前闭壳肌和伸足肌之间的表皮及少许肌肉揭去即可看到);足神经节埋入足部肌肉中(剪开足基部内脏团表面的组织,在足基部前1/3处的内脏团边缘仔细寻找便可找到);脏神经节在后闭壳肌的腹面(剥去后闭壳肌下方的一层组织膜即可看到)。

四、思考题

1. 河蚌的血液是什么颜色的? 为什么?
2. 软体动物门形态结构上有什么特征?

<h1 style="text-align:center">实验三十三　蝗虫的解剖</h1>

一、实验目的

通过对棉蝗的外部形态和内部结构的观察,了解昆虫的一般特征。

二、实验材料

棉蝗的浸制标本。
常规解剖器,解剖盘,放大镜。

三、实验内容和实验方法

(一) 外部形态

棉蝗一般体呈青绿色,浸制标本呈黄褐色。体表被有几丁质外骨骼。身体可明显分为头、胸、腹三个部分(图 2-41)。雌雄异体,雄虫比雌虫小。

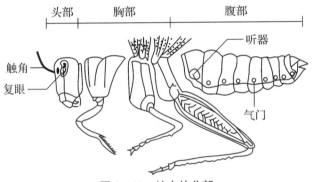

图 2-41　蝗虫的分部

1. 头部

位于身体最前端,卵圆形,其外骨骼愈合成一坚硬的头壳。头壳的正前方为略呈梯形的额,额下连一长方形的唇基。额的上方,两复眼之间的背上方为头顶。复眼以下头的两侧为颊。头以稍收缩的膜质颈与胸节相连。头部具有下列结构。

(1) 眼　1 对复眼和 3 只单眼。

①复眼:椭圆形,棕褐色,较大,位于头顶左右两侧。

②单眼:形小,黄色。1 个在额的中央,2 个分别在两复眼内侧上方。

(2) 触角　1 对,位于额上部两复眼内侧,细长呈丝状,由柄节、梗节及鞭节组成,鞭节又可分为许多亚节。

(3) 口器　典型的咀嚼式口器。口器由上唇、上颚、下颚、下唇和舌组成(图 2-42)。上唇一片,连于唇基以下,覆盖口器的前方。上颚一对,位于颊部的下方,

用解剖针沿颊下缝扦入,使缝间联系分离,可取出上颚。上颚具切齿部及臼齿部,强大而坚硬,呈棕褐色。下颚一对,位于两上颚后方,用镊子拉下观察。下颚基部有一轴节,中部有一茎节,其外侧有瓣状的外颚叶和内侧具尖齿的内颚叶,其旁的细小副颚须节上有 1 根 5 节的下颚须。下唇位于下颚的后方,用镊子拉下观察。基部为一弯月形的后颏,其前接一片状的前颏,两侧有 1 对 3 节的下唇须,前颏前缘有 1 对侧唇舌。舌 1 个,位于口腔中央,黄褐色,卵圆形,有一小柄,舌壁上有许多毛带。

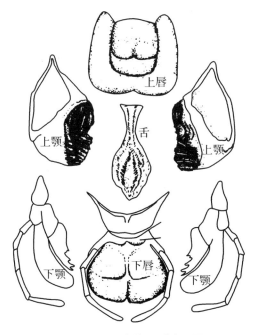

图 2－42　蝗虫的咀嚼式口器

2. 胸部

头部后方为胸部,胸部由 3 节组成,由前向后依次为前胸、中胸和后胸。每胸节各有一对足,中、后胸背面各有一对翅。

(1) 外骨骼　为坚硬的几丁质骨板,背部的称背板,腹面的称腹板,两侧的称侧板。

①背板:前胸背板发达,从两侧向下扩展成马鞍形,几乎盖住整个侧板,后缘中央伸至中胸的背面;中、后胸背板较小,被两翅覆盖,中、后胸背板略呈长方形,表面有沟,将骨板划分为几块骨片。

②腹板:前胸腹板在两足间有一囊状突起,向后弯曲,指向中胸腹板,称前胸腹板突。中、后胸腹板合成一块,但明显可分。每块腹板表面有沟,可分为若干骨片。

③侧板:前胸侧板位于背板下方前端,为 1 个三角形小骨片。中、后胸侧板发达。胸部有 2 对气门,一对在前胸与中胸侧板间的薄膜上,另一对在中、后胸侧板

间、中足基部的薄膜上。

（2）附肢　胸部各节依次着生前足、中足和后足各 1 对。前、中足较小，为步行足，后足强大，为跳跃足。各足均由 6 肢节构成，分基节、转节、腿节、胫节、跗节和前跗节。

（3）翅　2 对。有暗色斑纹，各翅贯穿翅脉。前翅着生于中胸，革质、形长而狭，休息时覆盖在背上，称为覆翅。后翅着生于后胸，休息时折叠而藏于覆翅之下，将后翅展开，可见它宽大、膜质，薄而透明，翅脉明显。

3. 腹部

由 11 个体节组成。

（1）外骨骼　外骨骼较柔软，只由背板和腹板组成，侧板退化为连接背、腹板的侧膜。雌、雄蝗虫在第一至第八腹节形态构造相似，在背板两侧下缘前方各有 1 个气门。第九、十两节背板较狭，且相互愈合，第十一节背板形成背面三角形的肛上板，盖着肛门，第十节背板后缘、肛上板的左右两侧有 1 对小突起，即尾须，雄虫的尾须比雌虫的大；两尾须下各有 1 个三角形的肛侧板。腹部末端还有外生殖器。

（2）外生殖器

①雌蝗虫的产卵器：雌虫第九、十节无腹板，第八节腹板特长，其后缘的剑状突起称导卵突起，导卵突起后有 1 对尖形的产卵腹瓣（下产卵瓣）；在背侧肛侧板后也有 1 对尖形的产卵瓣，为产卵背瓣（上产卵瓣），产卵背瓣和腹瓣构成产卵器。

②雄蝗虫的交配器：雄虫第九节腹板发达，向后延长并向上翘起形成匙状的下生殖板，将下生殖板向下压，可见内有一突起，即阳茎。

（3）听器　在第一腹节气门后方各有 1 个大而呈椭圆形的膜状结构，称听器。

（4）气门　共 10 对，胸部 2 对，腹部 8 对。

（二）内部结构（图 2-43）

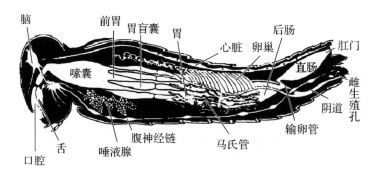

图 2-43　蝗虫（雌）的内部结构

沿腹部的侧膜自后向前剪开，小心取下腹部背板，边解剖边观察下列器官。

1. 循环系统

把剪下的腹部背板翻起，观察其内壁，可见中央线上有一细长的管状构造，即

心脏。心脏按节有若干略膨大的部分,为心室。心室两旁附有翼状肌。

2. 呼吸系统

自气门向体内,可见有许多白色的分枝小管,分布于内部器官和肌肉中,为气管。在内脏背面有许多膨大的气囊。撕取胸部肌肉,放在载玻片上,加上 1 滴水,置于显微镜下观察,可见到许多小管,其管壁内膜有几丁质螺旋纹。

3. 生殖系统

雌雄异体。

(1)雄性生殖器官 精巢 1 对,位于内脏器官的背方,左右相连成为一长圆形结构,由许多精巢小管组成。精巢腹面两侧向后伸出 1 对小管,为输精管。输精管绕过直肠以后,在虫体腹面汇合成单一的射精管,最后再曲向背方,穿过生殖下板上部的肌肉,开口于阳茎末端。

(2)雌性生殖器官 卵巢 1 对,位于内脏器官的背方,也由许多自中线斜向后方排列的卵巢小管组成。卵巢两侧 1 对纵行的小管为输卵管,与卵巢小管相连。输卵管自后行至第八腹节前缘肠道的下方,形成单一的阴道,以生殖孔开口于导卵器的基部。自阴道背方引出一弯曲小管,其末端形成一小型囊状构造,为受精囊。

4. 消化系统

由消化管和消化腺组成。消化管可分为前肠、中肠和后肠。前肠包括口腔、咽、食管、嗉囊、前胃;中肠又叫胃,在与前肠交界处向前、向后各伸出指状胃盲囊 6 个;后肠包括小肠、大肠及直肠三部分。有一对唾液腺,位于胸部嗉囊腹面两侧,色淡,葡萄状,有 1 对导管前行,汇合后通入口腔。

5. 排泄器官

在中肠和后肠交界处有许多细长的盲管分布于血腔中,称马氏管,为蝗虫的排泄器官。

6. 神经系统

小心除去胸部及头部的外骨骼和肌肉,但仍保留复眼和触角,继续观察以下结构。

(1)脑 在两复眼之间,为淡黄色的块状物。

(2)围食管神经 为自脑发出的 1 对神经,绕过食管后,各连于食管下神经节。

(3)腹神经索(链) 在消化道之下的腹中线上,由两条神经组成,在一定部位合成神经节,并分出神经通向其他器官。

四、思考题

1. 蝗虫的哪些结构表现出对陆生生活的适应?

2. 昆虫纲动物形态结构上有哪些特征?

实验三十四　螯虾的解剖

一、实验目的

通过观察螯虾的外形和内部结构，了解节肢动物在形态结构上的主要特征。

二、实验材料

螯虾。

解剖器、解剖盘、放大镜。

三、实验内容与实验方法

（一）外形观察

螯虾属爬行虾类。身体分头胸部和腹部，体表被以坚硬的几丁质外骨骼，深红色或红黄色，随年龄而不同。将标本放在解剖盘内，按下列顺序观察。

1. 头胸部

由头部（6 节）与胸部（8 节）愈合而成，外被头胸甲，头胸甲约占体长的一半。头胸甲前部中央有一背腹扁的三角形突起，称额剑，其边缘有锯齿。头胸甲的近中部有一弧形横沟，称颈沟，为头部和胸部的分界线。颈沟以后，头胸甲两侧部分称鳃盖，鳃盖下方与体壁分离形成鳃腔。额剑两侧各有 1 个可自由转动的眼柄，其上着生复眼。

2. 腹部

螯虾的腹部短，背腹扁，体节明显为 6 节，其后还有尾节。各节的外骨骼可分为背面的背板，腹面的腹板及两侧下垂的侧板。尾节扁平，腹面正中有一纵裂缝，为肛门。

3. 附肢

除第一体节和尾节无附肢外，螯虾共有 19 对附肢，即每体节 1 对。除第一对触角是单枝型外，其他都是双枝型，但随着生部位和功能的不同而有不同的形态结构。观察时，左手持虾，使其腹面向上。首先注意各附肢着生位置，然后右手持镊子，由身体后部向前依次将虾左侧附肢摘下，并按原来顺序排列在解剖盘或硬纸片上，放大镜自前向后依次观察。

（1）头部附肢　头部附肢共 5 对，由小触角、大触鞭、大颚和小颚组成。

①小触角：位额剑下方。原肢 3 节，末端有 2 根短须状触鞭。触角基部背面有一凹陷容纳眼柄，凹陷内侧丛毛中有平衡囊。

②大触鞭：位眼柄下方，原肢 2 节，基节的基部腹面有排泄孔。外肢呈片状，内肢成一细长的触鞭。

③大颚：原肢坚硬，形成咀嚼器，分为扁而边缘有小齿的门齿部和齿面有小突

起的臼齿部；内肢形成很小的大颚须，外肢消失。

④小颚：2对。原肢2节成薄片状，内缘具毛。第1小颚内肢呈小片状，外肢退化；第2小颚内肢细小，外肢宽大叶片状，称颚舟叶。

（2）胸部附肢　胸部附肢共8对，包括颚足和步足，原肢均2节。

①颚足：3对。第一颚足外肢基部大，末端细长，内肢细小。外肢基部有一薄片状肢鳃。第二、三颚足内肢发达，分为5节（日本沼虾第3颚足内肢分3节），屈指状，外肢细长。足基部都有羽状的鳃。3对颚足和头部附肢大颚、小颚均参与虾口器的形成。

②步足：5对。内肢发达，分为5节，即座节、长节、腕节、掌节和指节；外肢退化。前3对末端为钳状；第一对步足的钳特别强大，称螯足；其余两对步足末端呈爪状。雄虾的第五对步足基部内侧各有一雄孔，雌虾的第三对步足基部内侧各有一雌孔。各足基部都长有羽状鳃，注意各鳃的着生部位。

（3）腹部附肢　共5对，不发达。原肢2节。前2对腹肢，雌雄有别，第一对腹肢，雄虾的变成管状交接器，雌虾的退化；雌虾第二腹肢细小，外肢退化。第三、四、五对腹肢形状相同，内、外肢细长而扁平，密生刚毛。

（4）尾肢　1对。内外肢特别宽阔成片状，外肢比内肢大，有横沟分成2节。尾肢与尾节构成尾扇。

（二）内部结构观察

1. 呼吸器官

用剪刀剪去螯虾头胸甲的右侧鳃盖，即可看到呼吸器官——鳃。结合已摘下的左侧附肢上鳃的着生情况，原位用镊子稍作分离并同时观察鳃腔内着生在第二颚足至第四步足基部的足鳃、体壁与附肢间关节膜上的关节鳃和着生在第一颚足基部的肢鳃。观察完呼吸系统后，用镊子自头胸甲后缘至额剑处，仔细地将头胸甲与其下面的器官剥离开；再用剪刀自头胸甲前部两侧到额剑后剪开并移去头胸甲。然后用剪刀自前向后，沿腹部两侧背板和侧板交界处剪开腹甲，用镊子略掀启背板，观察肌肉附着于外骨骼内的情况。最后小心地剥离背板和肌肉的联系，移去背板。

2. 肌肉

为成束的横纹肌，往往成对。

3. 循环系统

为开管式，主要观察心脏和动脉。

（1）心脏　位于头胸部后端背侧的围心窦内，为半透明、多角形的肌肉囊，用镊子轻轻撕开围心膜即可见到。用放大镜观察，在心脏的背面，前侧面和腹面，各有1对心孔。也可在看完血管后，将心脏取下置于培养皿内的水中，再在放大镜下观察。

（2）动脉　细且透明。用镊子轻轻提起心脏，可见心脏发出7条血管。由心

脏前行的动脉有 5 条,即:由心脏前端发出 1 条眼动脉,在眼动脉基部两侧发出 1 对触角动脉,在触角动脉外侧发出 1 对肝动脉。由心脏后端发出 1 条腹上动脉,为一在腹部背面,沿后肠贯穿整个腹部的略粗的血管,沿背方后行到腹部末端。在胸腹交接处,腹上动脉基部,心脏发出一条弯向胸部腹面的胸直动脉。剪去第四、五步足处胸部左侧壁,用镊子将该处腹面肌肉轻轻向背方掀起,即可见到胸直动脉通到腹面(注意此血管极易被拉断);达神经索腹方后,再向前后分为两支:向前的一支为胸下动脉,向后的一支为腹下动脉。

4. 生殖系统

虾为雌雄异体。摘除心脏,即可见到虾的生殖腺。

(1)雄性 精巢 1 对,位于围心窦腹面。白色,呈 3 叶状,前部分离为 2 叶,后部合并为 1 叶。每侧精巢发出 1 条细长的输精管,其末端开口于第五对步足基部内侧的雄性生殖孔。

(2)雌性 卵巢 1 对,位于围心窦腹面,性成熟时为淡红色或淡绿色,浸制标本呈褐色。颗粒状,也分 3 叶(前部 2 叶,后部 1 叶),其大小随发育时期不同而有很大差别。卵巢向两侧腹面发出 1 对短小的输卵管,其末端开口于第三对步足基部内侧的雌性生殖孔。在第四、五对步足间的腹甲上,有一椭圆形突起,中有一纵行开口,内为空囊,即受精囊。

5. 消化系统

用镊子轻轻移去生殖腺,可见其下方左右两侧各有一团淡黄色腺体,即为肝脏。剪去一侧肝脏,可见肠管前接囊状的胃。胃可分为位于体前端的壁薄的贲门胃(透过胃壁可看到胃内有深色食物)和其后较小、壁略厚的幽门胃。剪开胃壁,观察贲门胃内由 3 个钙齿组成的胃磨及幽门胃内着生着几丁质刚毛状结构。用镊子轻轻提起胃,可见贲门胃前腹方连有一短管,即食管,食管前端连于由口器包围的口腔。幽门胃后接中肠。中肠很短,1 对肝脏即位于其两侧,各以一肝管与之相通。中肠之后即为贯穿整个腹部的后肠。后肠位于腹上动脉腹方,略粗(透过肠壁可见内有深色食物残渣),以肛门开口于尾节腹面。

6. 排泄系统

剪去胃和肝脏,在头部腹面大触角基部外骨骼内方,可见到一团扁圆形腺体即触角腺,为成虾的排泄器官。生活时呈绿色,故又称绿腺,浸制标本常为乳白色,它借宽大而壁薄的膀胱伸出的短管,开口于大触角基部腹面的排泄孔。

7. 神经系统

除保留食管外,将其他内脏器官和肌肉全部除去,小心地沿中线剪开胸部底壁,便可看到身体腹面正中线处有 1 条白色索状物,即为虾的腹神经链,它由 2 条神经干愈合而成。用镊子在食管左右两侧小心地剥离,可找到 1 对白色的围食管神经。沿围食管神经向头端寻找,可见在食管之上,两眼之间有一较大白色块状物,为食管上神经节或脑神经节。围食管神经绕到食管腹面与腹神经链连接处有

一大的白色结节,为食管下神经节。自食管下神经节,沿腹神经链向后端剥离,可见每一个体节中,都有一个白色神经节,由它发出神经到该节的附肢、肌肉及器官上。

四、思考题

1. 螯虾的肢鳃有何功用?螯虾各种鳃的数目如何?
2. 节肢动物在形态结构上有哪些主要特征?

实验三十五　鲫鱼的解剖

一、实验目的

通过观察鲫鱼的外部形态和内部结构,了解硬骨鱼类的主要特征以及鱼类适应于水生生活的形态结构特征;学习硬骨鱼内部解剖的基本操作方法。

二、实验材料

活鲫鱼。
常规解剖器,解剖盘。

三、实验内容

(一)外形观察

鲫鱼体呈纺锤形,略侧扁,背部灰黑色,腹部近白色。身体可区分为头、躯干和尾 3 部分。

1. 头部

自吻端至鳃盖骨后缘为头部。口位于头部前端(口端位)。吻背面有鼻孔 1 对。眼 1 对,位于头部两侧,形大而圆。眼后头部两侧为宽扁的鳃盖,鳃盖后缘有膜状的鳃盖膜,借此覆盖鳃孔。

2. 躯干部和尾部

自鳃盖后缘至肛门为躯干部;自肛门至尾鳍基部最后一枚椎骨为尾部。躯干部和尾部体表被以覆瓦状排列的圆鳞,鳞外覆有一薄层表皮,鱼体表黏滑。躯体两侧从鳃盖后缘到尾部,各有 1 条由鳞片上的小孔排列成的点线结构,此即侧线;被侧线孔穿过的鳞片称侧线鳞。体背和腹侧有鳍,背鳍 1 个,较长,约为躯干的 3/4;臀鳍 1 个,较短;尾鳍末端凹入分成上下相称的两叶,为正尾型;胸鳍 1 对,位于鳃盖后方左右两侧;腹鳍 1 对,位于胸鳍之后,肛门之前。肛门紧靠臀鳍起点基部前方,紧接肛门后有一泄殖孔。

（二）内部解剖与观察

将新鲜鲫鱼置解剖盘,使其腹部向上,用剪刀在肛门前与体轴垂直方向剪一小口,将剪刀尖插入切口,沿腹中线向前经腹鳍中间剪至下颌;使鱼侧卧,左侧向上,自肛门前的开口向背方剪到脊柱,沿脊柱下方剪至鳃盖后缘,再沿鳃盖后缘剪至下颌,除去左侧体壁肌肉,使心脏和内脏暴露。

1. 原位观察

腹腔前方,最后一对鳃弓后腹方一小腔,为围心腔,它借横膈与腹腔分开。心脏位于围心腔内。在腹腔里,脊柱腹方是白色囊状的鳔,覆盖在前、后鳔室之间的三角形暗红色组织,为肾脏的一部分。鳔的腹方是长形的生殖腺,雄性为乳白色的精巢,雌性为黄色的卵巢。腹腔腹侧盘曲的管道为肠管,在肠管之间的肠系膜上,有暗红色、散漫状分布的肝胰脏。在肠管和肝胰脏之间有一细长红褐色器官为脾脏(图2-44)。

图2-44 鲫鱼(雌)的内脏

2. 生殖系统

由生殖腺和生殖导管组成。

（1）生殖腺 生殖腺外包有极薄的膜。雄性有精巢1对,白色,呈长形分叶状。雌性有卵巢1对,淡黄色,性成熟时几乎充满整个腹腔,内有许多小形卵粒。

（2）生殖导管 为生殖腺表面的膜向后延伸的细管,即输精管或输卵管,很短,左右两管后端合并,通入泄殖窦,泄殖窦以泄殖孔开口于体外。

观察毕,移去左侧生殖腺,以便观察其他器官。

3. 消化系统

包括口腔、咽、食管、肠和肛门组成的消化管及肝胰脏和胆囊。此处主要观察食管、肠、肛门和胆囊。用钝头镊子将盘曲的肠管展开。

（1）食管 肠管最前端接于食管,食管很短,其背面有鳔管通入,并以此为食管和肠的分界点。

（2）肠　为体长的 2～3 倍。肠的长度与食性相关。肠的前 2/3 为小肠,后部较细的为大肠,最后一部分为直肠,直肠以肛门开口于臀鳍基部前方。

（3）胆囊　为一暗绿色的椭圆形囊,位于肠管前部右侧,大部分埋在肝胰脏内,以胆管通入肠前部。

（4）鳔　位于腹腔消化管背方的银白色胶质囊,一直伸展到腹腔后端,分前、后两室。后室前端腹面发出细长的鳔管,通入食管背壁。

观察毕,移去鳔,以便观察排泄系统。

4. 排泄系统

包括 1 对肾脏,1 对输尿管和 1 个膀胱。

（1）肾脏　紧贴于腹腔背壁正中线两侧,为红褐色狭长形器官,在鳔的前、后室相接处,肾脏扩大成其最宽处。每肾的前端向前侧面扩展,体积增大,为头肾,是拟淋巴腺。

（2）输尿管　每肾最宽处各通出一细管,即输尿管,沿腹腔背壁后行,在近末端处两管汇合通入膀胱。

（3）膀胱　两输尿管后端汇合后稍扩大形成的囊即为膀胱,其末端稍细开口于泄殖窦。

5. 循环系统

主要观察心脏,血管系统从略。心脏位于两胸鳍之间的围心腔内,由一心室,一心房和静脉窦等组成。

（1）心室　心室位于围心腔中央处,淡红色,其前端有一白色厚壁的圆锥形小球体,为动脉球。自动脉球向前发出 1 条较粗大的血管,为腹大动脉。

（2）心房　位于心室的背侧,暗红色,薄囊状。

（3）静脉窦　位于心房后端,暗红色,壁很薄,不易观察。以上观察毕,将剪刀伸入口腔,剪开口角,并沿眼后缘将鳃盖剪去,以暴露口腔和鳃。

6. 口腔与咽

口腔由上、下颌包围合成,颌无齿,口腔背壁由厚的肌肉组成,表面有黏膜,腔底后半部有一不能活动的三角形舌。口腔之后为咽部,其左右两侧有 5 对鳃裂,相邻鳃裂间生有鳃弓,共 5 对。第 5 对鳃弓特化成咽骨,其内侧着生咽齿。咽齿与咽背面的基枕骨腹面角质垫相对,两者能夹碎食物。

7. 鳃

鳃是鱼类的呼吸器官。鳃由鳃弓、鳃耙、鳃片组成,鳃间隔退化。

（1）鳃弓　位于鳃盖之内,咽的两侧,共 5 对。每鳃弓内缘凹面生有鳃耙;第 1～4 对鳃弓外缘并排长有 2 个鳃片,第 5 对鳃弓没有鳃片。

（2）鳃耙　为鳃弓内缘凹面上成行的三角形突起。第 1～4 鳃弓各有 2 行鳃耙,左右互生,第 1 鳃弓的外侧鳃耙较长。第 5 鳃弓只有 1 行鳃耙。

（3）鳃片　薄片状,鲜活时呈红色。每个鳃片称半鳃,长在同一鳃弓上的两个

半鳃合称全鳃。剪下 1 个全鳃,放在盛有少量水的培养皿内,置解剖镜下观察。可见每一鳃片由许多鳃丝组成,每一鳃丝两侧又有许多突起状的鳃小片,鳃小片上分布着丰富的毛细血管,是气体交换的场所。横切鳃弓,可见 2 个鳃片之间退化的鳃隔。

8. 脑

从两眼眶下剪,沿体长轴方向剪开头部背面骨骼;再在两纵切口的两端间横剪;小心地移去头部背面骨骼,用棉球吸去银色发亮的脑脊液,脑便显露出来。从脑背面观察。

(1) 端脑 由嗅脑和大脑组成。大脑分左右两个半球,各呈小球状位于脑的前端,其顶端各伸出 1 条棒状的嗅柄,嗅柄末端为椭圆形的嗅球,嗅柄和嗅球构成嗅脑。

(2) 中脑 位于端脑之后,覆盖在间脑背面。较大,受小脑瓣所挤而偏向两侧,各成半月形突起,又称视叶。

(3) 小脑 位于中脑后方,为一圆球形体,表面光滑,前方伸出小脑瓣突入中脑。

(4) 延脑 是脑的最后部分,由 1 个面叶和 1 对迷走叶组成,面叶居中,其前部被小脑遮蔽,只能见到其后部,迷走叶较大,左右成对,在小脑的后两侧。延脑后部变窄,连脊髓。

四、思考题

1. 鱼的鼻腔参与呼吸功能吗?
2. 鱼的侧线有什么作用?
3. 鱼鳔有什么作用?
4. 鲫鱼的哪些结构和水中生活相适应?

实验三十六 蟾蜍的解剖

一、实验目的

1. 通过对蟾蜍外形和内脏器官的一般构造的观察,了解脊椎动物由水生到陆生的过渡中,两栖类在结构和功能上所表现出的初步适应陆生的特征。
2. 学会解剖蟾蜍的方法。

二、实验材料

活蟾蜍。

常规解剖器,解剖盘。

三、实验内容和实验方法

（一）外形观察

将活蟾蜍静伏于解剖盘内,观察其身体。蟾蜍皮肤粗糙,身体的背面具有大小不等的瘰粒。全体可分头、躯干和四肢三部分,颈部不明显。

1. 头部

头部扁平,略呈三角形。口位于头的前缘,阔大,横裂,由上、下颌组成。上颌背侧前面有 1 对外鼻孔,其内腔为鼻腔,有鼻瓣可以启闭。眼大而圆,具上、下眼睑,在下眼睑的内缘,附有一半透明的瞬膜,其向上移动,遮盖眼球。眼后有一椭圆形隆起,为耳后腺(青蛙无耳后腺)。耳后腺下方圆形的薄膜,为鼓膜,其内为中耳腔。蟾蜍的两侧均无鸣囊(雄蛙具有)。

2. 躯干部

鼓膜之后为躯干部,蟾蜍的躯干部短而宽,躯干后端两腿之间,偏背侧有一小孔,为泄殖腔孔,是泄殖腔通向外界的开口,通常亦称肛门。

3. 四肢

前肢短小,可分为五个部分,由近端向远端,分别称为上臂、前臂、腕、掌、指。腕、掌和指合称为手。两栖动物手仅有四指,拇指无指骨,仅具一短小的掌骨,隐藏于皮内。在繁殖季节,雄性个体第一手指基部内侧出现瘤状肿块,称婚瘤,为抱对之用,可以此区别雌雄。

后肢强大,分为大腿(股)、小腿(胫)、跗、跖和趾五部,跗、跖和趾合称足。足有五趾,趾间有蹼,在第一趾内侧有一突起物,称为"距"。

（二）蟾蜍的解剖观察

用双毁髓法处死蟾蜍(参看实验十二),用解剖针从枕骨大孔处插入,向前捣毁颅腔中的脑,再向后捣毁椎管中的脊髓。待蟾蜍后肢松软后即可。

将处死的蟾蜍腹面向上放在蜡盘中,四肢用蛙钉固定,在泄殖孔稍前方腹壁上剪开皮肤,可见在腹中线上有一条纵行的结缔组织白线,称腹白线,将腹直肌分隔为左右对称的两部分。从腹中线左侧剪开腹直肌(透过腹直肌,在近腹白线下方可看到一条腹静脉,在解剖时要避开这条血管),并向前沿胸骨中央剪断肩带,然后在肩带和腰带处向左右横向剪开一段,将腹壁向外翻开,用大头针将剪开部分固定,使内脏暴露,参看图 2-45 进行观察。

1. 消化系统

（1）口腔　剪开蟾蜍的口角,拉开下颌,暴露口腔,可见舌位于口腔底部中央,舌尖向后游离。蟾蜍的前颌骨、上颌骨和犁骨上均无齿,蛙则具有细小的颌齿和犁齿。内鼻孔 1 对,位于口腔顶壁近吻端处,以探毛从外鼻孔通入,可见其开孔。耳咽管孔 1 对,位于口腔顶壁两侧近口角处,与中耳相通。咽在口腔的深处,向后通

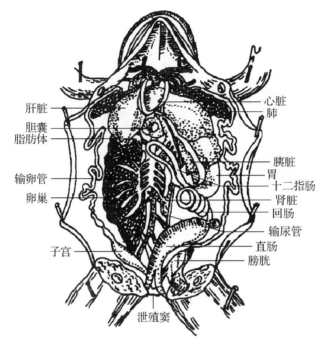

图 2-45　蛙(雌)的内脏

入食管。喉头在咽的腹面,为一圆形突起,其中央纵裂成一孔,即喉门。

(2) 肝脏　肝脏呈红褐色,由三叶组成,左侧二叶,右侧一叶,左右肝叶之间有一椭圆形的胆囊,呈黄绿色,具导管通入十二指肠。

(3) 食管　位于心脏和肝脏背面的短管道为食管。前端接口咽腔,后端和胃相连。

(4) 胃　胃位于体腔的左侧,由左向右稍弯曲,呈 J 字形。胃连食管的一端称贲门,外形上无明显界限。胃与小肠连接的一端称幽门,该部分显著紧缩,以此与小肠为界。

(5) 小肠　小肠包括十二指肠和回肠。与幽门连接处弯向前方的一段为十二指肠。十二指肠的尽端折向右后方弯转并盘曲在体腔右下部的为回肠。

(6) 大肠　回肠后端较粗的部分为大肠,亦称直肠,后端与泄殖腔相连。

(7) 泄殖腔　泄殖腔连接于直肠之后,从坐耻骨会合处背面向后行,因此,必须剪开此处的腰带才能看清。用剪刀从体腔后端中央、直肠与坐耻骨会合间的空隙处插入,剪开腰带,直到暴露直肠后端和泄殖腔部分。

(8) 胰脏　胰脏位于胃和十二指肠的系膜。将胃与十二指肠放平,在它们之间的套弯里,呈长形且不规则的淡红色或黄白色的腺体,裹在胆总管周围,为胰脏。用镊子轻压胆囊,可看到胆汁经胆总管流入十二指肠。胰管细小不易观察。

(9) 脾　直肠前端的肠系膜上,为一圆形的暗红色腺体,属淋巴器官。

2. 呼吸系统

蟾蜍为肺皮呼吸,肺呼吸的器官包括内、外鼻孔、口腔、喉气管室和肺。自喉门向内的短粗管子为喉气管室。纵向剪开喉气管室,在其两侧壁各有一条声带皱褶,声带为富有弹性的纤维带。喉气管室后接成对的肺,肺为体腔中 1 对近椭圆形薄壁囊状物,色淡红。肺囊壁薄,透过囊壁,可见内部有许多网状的隔膜,将内腔分隔成许多小室。

3. 循环系统

由心脏和血管组成。

心脏位于体腔前部,肝脏腹面。心脏外包围着一层薄膜,称心包或围心囊,用眼科剪仔细剪开心包,按心脏的搏动顺序,能清楚地辨别两个深红色的心房和一个淡红色的心室。从心室的腹面右上角通出一根斜向左方的白色管子,为动脉圆锥。用镊子夹住心尖,轻轻翻开心室,在心脏背侧可看到三根大静脉汇入一个暗红色薄壁囊,为静脉窦。

4. 泌尿生殖系统

(1)雄性 雄性的泌尿系统由肾脏、输尿管、膀胱和泄殖腔组成,生殖器官为一对睾丸。将消化管推向一侧,在背面中央的两侧可看到一对睾丸,通常呈长柱形,其前部呈黄色,后部稍带黑色。紧位于睾丸前方有一扁圆形小器官,称前睾或毕特氏器,前睾前端的黄色指状物为脂肪体,其大小随季节发生变化。睾丸背面外侧的一对暗红色长形器官为肾脏。仔细观察左侧的肾脏,可以看到其由数叶构成,腹侧表面镶嵌着一条橙黄色带状的肾上腺。输尿管紧贴在肾脏的外侧缘,是一条薄壁半透明的管子,沿输尿管向后追踪,可见其向后内侧行走,在泄殖腔的背壁处,左右合并并开口于泄殖腔背壁。睾丸通过输精小管通入输尿管,因此,输尿管亦兼有输精功能。在肾脏外侧有一对弯曲的细管子,是退化的米勒氏管。

(2)雌性 雌性的泌尿系统由肾脏、输尿管、膀胱和泄殖腔组成,生殖系统由卵巢、输卵管、子宫组成。卵巢在生殖季节极为发达,充满于体腔的大部分,透过卵巢膜可看到大量圆球状黑色卵粒,因此,须先除去一侧卵巢方能观察其他器官(切除卵巢时须从基部将系膜剪断,使整个卵巢一起移走)。而在非生殖季节卵巢较小,将消化管翻向一侧,即可看到卵巢,黄色,内具卵粒。卵巢外侧的长而迂曲的管子为输卵管,或称米勒氏管。输卵管的前端膨大呈漏斗状,开口紧靠着肺底的旁边,称输卵管腹腔口(或称喇叭口)。在成熟的个体中,子宫即为盘曲的输卵管下内侧方呈现的薄膜部分,但由于子宫壁极薄,常易被忽视,可用注射器从输卵管前部注入气体或带有颜料的胶状液显示整个输卵管和子宫的形状。成熟的卵子落入腹腔中,从输卵管腹腔口(喇叭口)进入输卵管,由输卵管送入子宫,在交配时,经泄殖孔排出体外。

卵巢的前方亦常见有毕特氏器。在毕特氏器或卵巢前方有黄色分支的脂肪体。卵巢背面暗红色的器官为肾脏。

四、思考题

1. 脊椎动物由水生到陆生的过渡中,两栖类在结构和功能上表现出哪些适应陆生生活的特征?
2. 蟾蜍的循环系统有什么特点?

实验三十七　家鸽的解剖

一、实验目的

通过对家鸽(或家鸡)的解剖观察,认识鸟类各系统的基本结构及其适应于飞翔生活的主要特征;学习解剖鸟类的方法。

二、实验材料

家鸽(或家鸡)。

常规解剖器,解剖盘,钟形罩,药棉等。

乙醚。

三、实验内容和方法

（一）外形观察

家鸽(或家鸡)具有纺锤形的躯体。全身分头、颈、躯干、尾和附肢 5 部分。除喙及跗跖部具角质覆盖物以外,全身被覆羽毛。头前端有喙(家鸽上喙基部的皮肤隆起叫蜡膜)。上喙基部两侧各有 1 个外鼻孔。眼具活动的眼睑及半透明的瞬膜。眼后有被羽毛遮盖的外耳孔。前肢特化为翼。

（二）内部解剖

在实验前 20～30 min,将家鸽(或家鸡)放入装有乙醚的钟形罩中,使其麻醉致死。或捂住动物的外鼻孔并紧捏动物的上、下喙,令其窒息而死。

解剖标本之前,用水打湿实验鸟腹侧的羽毛,然后拔掉它。在拔颈部的羽毛时要特别小心,每次不要超过 2～3 枚,要顺着羽毛方向拔。拔时以手按住颈部的薄皮肤,以免将皮肤撕破。把拔去羽毛的实验鸟放于解剖盘里。注意羽毛的分布,并区分羽区与裸区。

沿着龙骨突起切开皮肤。切口前至嘴基,后至泄殖腔。用解剖刀钝端分开皮肤;当剥离至嗉囊处要特别小心,以免造成破损。

沿着龙骨的两侧及叉骨的边缘,小心切开胸大肌。留下肱骨上端肌肉的止点处,下面露出的肌肉是胸小肌。用同样方法把它切开,试牵动这些肌肉了解其机

能。然后沿着胸骨与肋相连的地方用骨剪剪断肋骨,将乌喙骨与叉骨联结处用骨剪剪断。将胸骨与乌喙骨等一同移去,即可看到内脏的自然位置。

1. 消化系统(图 2-46)

(1)口腔 剪开口角进行观察。上下颌的边缘生有角质喙。舌位于口腔内,前端呈箭头状。在口腔顶部的两个纵走的黏膜褶壁中间有内鼻孔。口腔后部为咽部。

(2)食管 食管沿颈的腹面左侧下行,在颈的基部膨大成嗉囊。嗉囊可贮存食物,并可部分地软化食物。

(3)胃 胃由腺胃和肌胃组成。腺胃又称前胃,上端与嗉囊相连,呈长纺锤形。剪开腺胃观察内壁上丰富的消化腺。肌胃又称砂囊,上连前胃,位于肝脏的右叶后

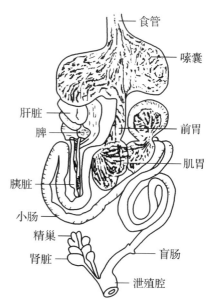

图 2-46 鸽的消化系统

缘,为一扁圆形的肌肉囊。剖开肌胃,检视呈辐射状排列的肌纤维。肌胃胃壁厚硬,内壁覆有硬的角质膜,呈黄绿色。肌胃内藏砂粒,用以磨碎食物。

(4)十二指肠 十二指肠位于腺胃和肌胃的交界处,呈 U 形弯曲(在此弯曲的肠系膜内,有胰腺着生)。找寻胆管和胰管的入口处。

(5)小肠 小肠细长,盘曲于腹腔内,最后与短的直肠连接。

(6)直肠(大肠) 直肠短而直,末端开口于泄殖腔。在其与小肠的交界处,有 1 对豆状的盲肠。鸟类的大肠较短,不能贮存粪便。

(7)肝脏 肝脏分左、右两叶,不具胆囊。在肝脏的右叶背面有一深的凹陷,自此处伸出两支胆管注入十二指肠。

(8)胰脏 胰腺着生在十二指肠间的肠系膜上,有 3 根胰管通十二指肠。

2. 呼吸系统

(1)外鼻孔 位于蜡膜的前下方。

(2)内鼻孔 位于口腔顶部中央的纵走沟内。

(3)喉 位于舌根之后,中央的纵裂为喉门。

(4)气管 一般与颈同长,以完整的软骨环支持。在左右气管分叉处有一较膨大的鸣管,是鸟类特有的发声器官。

(5)肺 左右 2 叶。位于胸腔的背方,为 1 对弹性较小的实心海绵状器官。

(6)气囊 与肺连接的数对膜状囊,分布于颈、胸、腹和骨骼的内部。

3. 循环系统

(1)心脏 心脏位于躯体的中线上,体积很大。用镊子拉起心包膜,然后以小

剪刀纵向剪开。从心脏的背侧和外侧除去心包膜,可见心脏被脂肪带分隔成前后两部分。前面褐红色的扩大部分为心房,后面颜色较浅的为心室。

(2)动脉 靠近心脏的基部,把余下的心包膜、结缔组织和脂肪清理出去,暴露出来的两条较大的灰白色血管,即无名动脉。无名动脉分出颈动脉、锁骨下动脉、肱动脉和胸动脉,分别进入颈部、前肢和胸部(锁骨下动脉为无名动脉的直接延续)。用镊子轻轻提起右侧的无名动脉,将心脏略往下拉,可见右体动脉弓走向背侧后,转变为背大动脉后行,沿途发出许多血管到有关器官。再将左右心房无名动脉略略提起,可见下面的肺动脉分成 2 支后,绕向背后侧而到达肺脏。

(3)静脉 在左右心房的前方可见到两条粗而短的静脉干,为前大静脉。前大静脉由颈静脉、肱静脉和胸静脉汇合而成。这些静脉差不多与同名的动脉相平行,因而容易看到。将心脏翻向前方,可见 1 条粗大的血管由肝脏的右叶前缘通至右心房,这就是后大静脉。

剪下心脏,剖开心脏,观察心脏的四腔结构。

4. 排泄系统(图 2 - 47)

(1)肾脏 紫褐色,左右成对,各分成 3 叶,贴近于体腔背壁。

(2)输尿管 沿体腔腹面下行,通入泄殖腔。鸟类不具膀胱。

(3)泄殖腔 将泄殖腔剪开,可见到腔内具 2 横褶,将泄殖腔分为 3 室:前面较大的为粪道,直肠即开口于此;中间为泄殖道,输精管(或输卵管)及输尿管开口于此;最后为肛道。

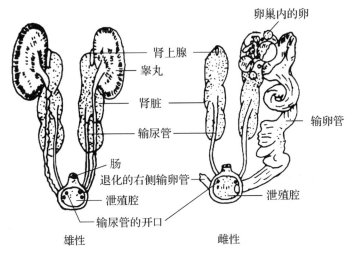

图 2 - 47　鸽的泌尿生殖系统

5. 生殖系统(图 2 - 47)

(1)雄性 具成对的白色睾丸。从睾丸伸出输精管,与输尿管平行进入泄殖腔。多数鸟类不具外生殖器。

（2）雌性 右侧卵巢退化,左侧卵巢内充满卵泡,有发达的输卵管,输卵管前端借喇叭口通体腔,后方弯曲处的内壁富有腺体,可分泌蛋白并形成卵壳,末端短而宽,开口于泄殖腔。

四、思考题

1. 鸟类的哪些形态结构特征与其适应于飞翔生活相适应?
2. 鸟类的循环系统有什么特征?

实验三十八　家兔的解剖

一、实验目的

解剖家兔,学习哺乳动物的解剖方法,掌握哺乳动物的外部形态和内部构造特征。

二、实验材料

家兔。
解剖器,解剖盘,注射器及针头。

三、实验内容和方法

（一）外形观察

兔全身分头、颈、躯干和尾及四肢 5 部分。用镊子分开体毛,可以看到粗细不同的两种毛,长而粗并有毛向的为针毛,起保护作用;针毛下细、短、密的为绒毛,无毛向,具保温作用。嘴的周围长、粗且较硬的为触毛,具触觉作用。

口周围是肌肉质的唇,上唇中央具唇裂,与外鼻孔内缘相连。眼具上下活动的眼睑和位于眼内角下方退化的瞬膜。外耳郭发达。雌兔胸腹部两侧具 3～6 对乳头。肛门位于尾基部腹面。肛门下方为外生殖器,雄性为阴茎,雌性为阴门,以此从外形上来鉴别雌雄。四肢强健,后肢长于前肢。前肢五指,后肢四趾,均具爪。

（二）内部解剖

兔的处死可用空气注射法,即用注射器在耳缘静脉注射 10 ml 空气,一会儿即死亡;也可用蘸有乙醚的棉球塞住鼻孔,并紧密兔嘴,使其麻醉致死;还可用软木棍,快速打击兔的后脑,可致其瞬间死亡。

将死兔仰卧于解剖盘中。用棉花蘸清水润湿腹部和颈部的毛,沿腹中线把毛分向两侧,在腹部后端将皮拉起,沿腹中线由后向前至颈部,剪开胸腹部的毛皮,然后再沿腹中线剪开胸腹腔的体壁,再左右横剪四肢处的皮和体壁,并把它们拉向两

侧;再将横膈从两侧体壁上剪离;最后用骨剪沿脊柱两侧把肋骨逐根剪断,使内部器官完全暴露,进行观察。

1. 体腔与横膈

体腔分为胸腔、腹腔和围心腔。胸腔和腹腔以横膈相隔,横膈为一钟罩形隔膜,中央为圆顶状,突向胸腔;横膈的中央为中央腱,周围是肌质部;肌质部由腰椎、肋骨和胸骨为起点,肌纤维伸向中央,止于中央腱。胸腔内有食管、心脏和肺等器官。腹腔内有消化、排泄及生殖等器官。各器官间和体壁间都有系膜相连。围心腔以心包膜与胸腔分隔开。

2. 消化系统(图 2-48)

(1) 口腔 沿口角将颊部剪开,拉开下颌观察口腔。口腔的前壁为上下唇,两侧壁是颊部,上壁是腭,下壁为口腔

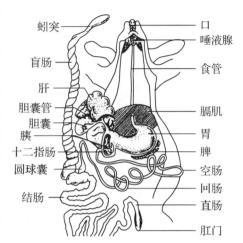

图 2-48 家兔的消化系统

底。口腔前面牙齿与唇之间为前庭,齿与咽之间的为固有口腔。位于最前端的 2 对长而呈凿状的牙为门牙;后面各有 3 对短而宽且具有磨面的前臼齿和臼齿。

在口腔顶部的前端,用手可摸到硬腭;后端则为软腭。硬腭与软腭构成鼻通路的下壁。口腔底部有发达的肉质舌。舌的前部腹方有系带将舌连在口腔底上。

(2) 咽部 咽位于软腭后方背面。由软腭自由缘围成的孔为咽峡。沿软腭的中线剪开,露出的腔是鼻咽腔,为咽部的一部分。鼻咽腔的前端是内鼻孔。在鼻咽腔的侧壁上有 1 对斜的裂缝是耳咽管的开口,可通中耳腔。咽部后面渐细,连接食管。食管的前方为呼吸道的入口。此处有 1 块叶状的突出物称会厌(位于舌的基部)。食物通道与气体通道在咽部后面进行交叉,会厌能防止食物进入呼吸道。

(3) 食管 食管位于气管背面,穿过横膈进入腹腔与胃相连。

(4) 胃 胃呈弯曲囊状,与食管相连的是贲门部,与十二指肠相连的是幽门部,前缘凹入的弯曲为胃小弯,后缘凸出的弯曲为胃大弯。在胃大弯左侧的暗红色长条形器官为脾。

(5) 小肠 小肠分为十二指肠、空肠和回肠三个部分。十二指肠呈"U"形弯曲,空肠和回肠也呈弯曲状。在空肠后段和回肠壁上有 6～8 个卵圆形隆起,为集合淋巴结。

(6) 大肠 大肠包括盲肠、结肠和直肠。结肠外表紧缢组成结节状。回肠与结肠交界处有发达的盲肠,其游离端变细称为蚓突。回肠与盲肠连接处有一膨大壁厚的圆小囊,为兔所特有。直肠较短,常存有粪粒,开口于肛门。

(7) 唾液腺 共有 4 对唾液腺。

①腮腺(耳下腺):位于耳壳基部的腹前方,紧贴皮下,剥开皮肤即可看见;腮腺为不规则的淡红色腺体,形状不规则,其腺管开口于口腔底部。

②颌下腺:位于下颌后部腹面两侧,为1对卵圆形的腺体。其腺管开口于口腔底部。

③舌下腺:位于左右颌下腺的外上方,形小,淡黄色。将附近淋巴结(圆形)移开,即可看到近于圆形的舌下腺。由腺体的内侧伸出1对舌下腺管,开口于舌下部。

④眶下腺:位于眼窝底部前下方,呈粉红色;开口在上颌第三臼齿附近,是兔所特有的唾液腺。

(8)肝脏 肝脏呈红褐色,位于横膈后方,分为横膈面和内脏面,包括内侧的左右中叶和外侧的左右外叶共4叶,内脏面尚有尾状突起的尾状叶和乳头状突起的方形叶。胆囊位于右中叶上,胆囊管与各肝叶的肝管合成胆总管,开口于十二指肠。

(9)胰脏 散布在十二指肠间的肠系膜上,为淡红色不规则的条状,以胰导管开口于十二指肠。

3. 呼吸系统

(1)喉 位于咽后方。细心除去喉部肌肉,辨认其软骨:环状软骨为环状,背面较宽,腹面较窄,位于第一气管环的前方;甲状软骨是喉软骨中最大者,半环状,构成喉的腹壁和侧壁,位于环状软骨的前方;杓状软骨是1对小型的棒状软骨,位于甲状软骨背面内侧,声门开口于其间;会厌软骨位于喉最前端,匙状,前端游离,后端以膜与杓状软骨相连,吞咽时会厌软骨盖住喉门,以防止食物误入气管,纵剖喉头,可看到喉腔内附有2对黏膜褶形成的声带,前1对为假声带,后1对为真声带。

(2)气管 由喉头向后延伸的气管,管壁由许多软骨环支持,软骨环的背面不完整,紧贴着食管。气管后端分成2支进入肺。

(3)肺 肺为海绵状器官,位于心脏两侧的胸腔内。

4. 循环系统

(1)心脏 位于心包腔中。剪开心包膜,观察心脏。心房壁薄,位于前端两侧,较宽;心室壁厚,位于后端,较尖。心房心室之间有一绕心脏的冠状沟。剪下心脏,纵剖可见四腔。右心房与右心室间有一房室孔,内有膜质的三尖瓣;右心房有体静脉的入口;右心室内有肺动脉出口,口内缘有能动的3个半月瓣,左心房与左心室间有一房室孔,内有二尖瓣;左心房背方右侧有肺静脉入口;左心室上方有主动脉出口,口内缘亦有3个半月瓣。

(2)动脉和静脉

①体动脉:哺乳动物仅有左体动脉弓。用镊子将家兔的心脏拉向右侧,可见大动脉弓由左心室发出,稍前伸即向左弯折走向后方。在贴近背壁中线,经过胸部至

腹部后端的动脉,称为背大动脉。一般情况下大动脉弓分出 3 支大动脉,最右侧的称为无名动脉,中间的为左总颈动脉,最左侧的为左锁骨下动脉。但不同个体大动脉弓的分支情况有所不同。

a）无名动脉:为 1 条短而粗的血管,具有两大分支,即右锁骨下动脉和右颈总动脉。右锁骨下动脉到达腋部时可成为腋动脉,伸入上臂后形成右肱动脉。右颈总动脉沿气管右侧前行至口角处,分为颈内动脉和颈外动脉。颈内动脉绕向外侧背方,但其主干进入脑颅,供应脑的血液;另有一小分支布于颈部肌肉。颈外动脉的位置靠内侧,前行分成几个小支,供应头部颜面和舌的血液。

b）左颈总动脉:分支与右颈总动脉相同。

c）左锁骨下动脉:分支情况与右锁骨下动脉相同。

背大动脉向后延续为胸主动脉、腹主动脉和尾动脉。

②体静脉:两条前腔静脉在背前方与右心房相连;一条粗大的后腔静脉与主动脉相伴前行,穿过横膈与右心房相连。较粗的颈外静脉和较细的颈内静脉在第一肋骨前缘两侧汇合成颈总静脉通入前腔静脉。锁骨下静脉与颈总静脉汇合。奇静脉收集后 8 对肋间肌的血液通入右前腔静脉。后腔静脉由髂内、外静脉汇合而成,沿途接受来自后肢、腹部及盆腔的血液。在胆总管背侧有肝门静脉,收集胃肠等脏器的血液入肝。肝静脉在横膈后汇入后腔静脉。

③肺动脉:从左心室左前缘发出肺总动脉,在背侧分出左右肺动脉入肺。

④肺静脉:肺内毛细血管丛经多次汇合形成左、右肺静脉,共同开口于左心房。

5. 排泄系统

肾脏一对,暗红色,状似蚕豆,位于腹腔腰椎两侧。每肾前方有一黄色圆形腺体即肾上腺。肾脏内侧凹陷处为肾门,从肾门各发出一条白色细小的输尿管直通膀胱背侧。膀胱为梨形的薄壁囊,向后延伸通入尿道。

6. 生殖系统(图 2-49)

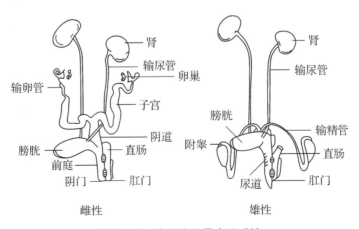

图 2-49 家兔的泌尿生殖系统

(1) 雄性生殖系统　睾丸为 1 对白色的卵圆形的器官。在繁殖期下降到阴囊中；非繁殖期则缩入腹腔内。阴囊以鼠蹊管孔通腹腔。在睾丸端部的盘旋管状构造为附睾。由附睾伸出的白色管即为输精管。输精管行经膀胱的基部，形成输精管膨大，在精囊（位于膀胱基部的扁平囊状体）的腹侧开口于尿道。精囊腺位于精囊后方，前列腺位于精囊腺的后方，前列腺后方是暗红色的尿道球腺，兔还有旁前列腺，位于精囊腺基部两侧，呈指状突起。

(2) 雌性生殖系统　卵巢 1 对，位于肾脏后方，紫黄色，表面有颗粒状突起。卵巢外侧各有一曲折的输卵管，前端以喇叭口开口在卵巢附近的腹腔内，后端膨大为子宫，两子宫分别开口于阴道，为双子宫，两侧子宫结合成"V"字形。阴道是子宫后方的直管，向后延伸为前庭，尿道开口于它的腹面。前庭以泄殖孔开口于体外。在泄殖孔腹缘有一小突起为阴蒂，外围有阴唇。

四、思考题

1. 哺乳动物的消化、排泄和生殖系统有何进步性的特征？

2. 左心房和左心室各有什么血管通入？左心室和右心室有什么不同？心脏的瓣膜有什么作用？

第三章　综合性实验

实验三十九　真菌的培养与观察

一、实验目的

学习真菌的培养方法,观察常见真菌的结构。

二、实验材料

活性干酵母,面引子,新鲜橘皮,馒头或面包。

显微镜,解剖镜,载玻片,盖玻片,培养皿,解剖针,滤纸,恒温培养箱,250 ml 三角烧瓶,500 ml 广口瓶。

蔗糖,葡萄糖,琼脂,清水,2％ KOH 溶液等。

三、实验内容与方法

（一）酵母菌

1. 酵母菌的培养

方法一　配制 50％蔗糖溶液,倒入三角烧瓶中,将少许活性干酵母或蒸馒头用的面引子放入溶液中,放在温暖的地方静置培养。冬季室温低时,放入恒温培养箱内培养,箱温调至 30℃左右。几天后溶液中即含有大量的酵母菌。

方法二　取 10 g 黄豆芽放在 10 ml 水里,加热煮沸 30 min 后,用纱布过滤至三角烧瓶中。向滤过液中加入葡萄糖（或蔗糖）5 g,琼脂 1.5 g,并加水补足 100 ml,继续加热使琼脂溶解,制成培养液。培养液冷却后,放入酵母粉或面引子,放在温暖的地方培养,几天后即可得到大量的酵母菌。

方法三　将苹果皮切碎装入广口瓶中,轻轻压实,加凉开水以浸没果皮为度。不必接种,在温暖的地方培养 2～3 d 即可得到酵母菌。

2. 酵母的观察

用滴管取 1 滴酵母菌培养液于载玻片中央,盖上盖玻片,在显微镜下观察。

酵母菌为单细胞体,椭圆形或卵形。选择个体较大者,移至视野中央,换高倍镜观察细胞的结构。在低倍镜下寻找芽体和假菌丝,换高倍镜观察。

（二）青霉

1. 青霉的培养

取一块新鲜的橘子皮，放在培养皿中，底下垫几层湿润的滤纸，盖好皿盖，放在 20～30℃无阳光直射的地方培养 2～3 d，可见橘皮上长出白色的丝菌体，再过两天，白色的菌丝变为绿色，即为青霉菌。

2. 青霉的观察

取新培养的青霉菌，连同培养物一起置于解剖镜下，观察菌丝体、分生孢子梗和分生孢子。用解剖针挑取青霉菌放在滴加了 1 滴清水的载玻片上，盖上盖玻片，制成水装片，在显微镜下继续观察青霉菌的菌丝、菌丝细胞、分生孢子梗和分生孢子。

（三）根霉

1. 根霉的培养

实验前 3～4 d，取新鲜的馒头或面包切成厚约 1 cm 的片，放在培养皿里，底下垫几层湿润的滤纸或纱布以保持水分，让其在空气中暴露 1～2 h 后，盖上皿盖，放到 20℃以上的温暖处（不要让阳光照射）或置于温箱中培养。2～3 d 后馒头表面即可长满白色绒毛状菌丝，菌丝的顶端生有黑色的孢囊孢子。

2. 根霉的观察

用解剖针从紧贴基质处挑起少量白色绒毛状的丝菌体，放在载玻片中央的 1 滴肥皂水中（或用 2% KOH 溶液），用解剖针小心将其拨散开，盖上盖玻片，置显微镜下观察。可以看到根霉的菌丝是无隔的；菌丝体的主枝横生，称为匍匐菌丝；匍匐菌丝与基质接触处生有分枝的假根，在假根处有数枝孢子囊梗伸向空中，梗的顶端有球状的孢子囊，仔细观察区分囊轴、囊壁和孢囊孢子。

四、思考题

1. 从真菌的培养方式来看真菌的营养方式属于哪种类型？
2. 真菌在自然界的分布状况如何？

实验四十　藻类植物的采集和培养

一、实验目的

学习藻类植物的采集和培养方法。

二、实验材料

工具袋,浮游生物网,100 ml 塑料瓶,250 ml 广口瓶,大烧杯,大镊子,采集刀,

吸管,铅笔,标签纸,纸袋等。

三、实验内容和方法

（一）淡水藻类的采集

1. 浮游藻类

在较大较深水面,可用浮游生物网在水中作"∞"形来回慢慢拖动采集。采集后将网垂直提出水面,打开网底的阀门,将采集到的标本注入塑料瓶中。同时做好采集记录、编号,并在瓶上贴上标签,或用铅笔在纸条上写上编号,放入瓶中。

在较浅较小水体中,可直接用瓶灌注或用吸管吸取后再移入瓶中。

2. 固着藻类

以固着器或假根固着于岩石、水生植物或其他基质上的藻类等,采集时可直接用手或镊子采下。如果不能保证标本的完整,则须用采集刀刮取或连基物一起采下。

3. 气生藻类

对生活于潮湿的地面上、墙角、树皮上及花盆壁上的藻类可直接用采集刀刮下放入纸袋中。

（二）常见藻类的分离和培养

1. 衣藻的分离和培养

（1）藻种分离 把野外采集来的衣藻水样,经显微镜镜检后,倒入广口瓶内,置于窗台向阳处,由于衣藻有趋光性,几个小时后,可见向阳面的瓶壁与水面的交界处出现一条绿线,用吸管从绿线处吸取一滴水,一般可得到成群的衣藻。

（2）培养 可以用土壤浸出液、有机培养液或无机培养液培养。

①土壤浸出液:取肥沃土壤 500 g,加水 1 000 ml,在高压锅内蒸煮灭菌 30 min,用冷却沉淀后的上清液作原液,用时稀释 5 倍即可。

②有机培养液:将 100 g 白菜叶或萝卜根切碎,加水 200 ml,煮沸,冷却后取上清液作培养基。

③无机培养液:硝酸铵 10.5 g、硝酸钾 19 g、磷酸二氢钾 17 g、硫酸镁 3.7 g、氯化钙 4.4 g、土壤浸出液 10 ml、水 990 g,以此作母液,用时稀释 10 倍即可。

2. 团藻的分离和培养

可用土壤浸出液或池塘水（最好是采集团藻标本的池塘水）经煮沸或高压灭菌,冷却,将含有团藻的水也倒入其中进行培养。团藻喜凉,培养温度应在 8～20℃之间。

3. 水绵的培养

水绵分布广泛,而且一年四季均可采到,一般不需要培养。如果需要可用土壤

浸出液、天然池塘水或富含有机质的菜园土和水 1∶1 的混合液（除去漂浮物）培养；也可用水绵的无机培养基培养，该培养基还能诱导、促进水绵的接合生殖。其配方如下：硝酸钾 1 g、硫酸镁 1 g、磷酸二氢钾 1 g、硝酸钙 3 g、水 1 000 ml，用时稀释 20 倍即可。

4. 硅藻的培养

硅藻的培养可用硅藻 1 号培养基，其配方如下：

硝酸钾 120 mg、硫酸镁 70 mg、磷酸氢二钾 40 mg、磷酸二氢钾 80 mg、氯化钙 20 mg、氯化钠 10 mg、硅酸钠 100 mg、柠檬酸铁 5 mg、土壤浸出液 20 mg、硫酸锰 2 mg，加蒸馏水到 1 000 ml。

四、思考题

土壤浸出液为什么能够成为很多藻类的培养基？

实验四十一　植物群落特征调查

一、实验目的

1. 了解植被调查的方法，学习最基本的植被调查方法，学会整理、分析植物群落的有关资料。

2. 初步掌握植物群落的描述方法；了解植物群落的基本特征。

二、实验材料

标本夹，枝剪，采集铲，采集袋，皮尺，测绳，样方架，测高仪，记录表格等。

三、实验内容和方法

1. 植物群落的基本特征

植物群落调查最基本的内容包括植物群落的环境、群落外貌、植物种类及各种植物的数量等几个方面。

（1）群落环境　主要包括地形、土壤、水分条件、死地被物、人类影响等方面。如地形包括海拔高度、地势、坡向、坡度等。

（2）群落外貌　群落的外貌是生物群落的外部形态和表象，是群落中生物与生物间，生物与环境相互作用的综合反映。内容包括群落的优势种、个体的密度、群落的高度、季节引起的变化、优势种的叶形、群落组成种的复杂程度等。

一般要分层次来进行调查，如温带森林群落常分为乔木层、灌木层、草本层、苔

藓地衣层及层间植物(如藤本植物、附生植物)。

(3)植物种类 即调查群落的各层次由哪些植物组成。进行调查时应同时采集植物标本。

(4)植物的数量特征指标

①多度:指群落内每种植物株数的多少,一般乔木层常用直接计数法进行调查,草本层多用目测估计法。

②密度:指单位面积上的植物株数。

③盖度:指植物遮盖地面的百分率,可分为投影盖度和基盖度。投影盖度是指植物枝叶垂直投影所覆盖的地表面积,基盖度是指植物基部所占地面面积。

④频度:指某种植物在所有样方中出现的百分数。

⑤重要值:是群落特征的一个综合性指标,用来表示某种植物在群落中的相对重要性。用相对密度、相对频度、相对盖度三个值的和来表示。相对度是指样方中某个个体的某个指标的量占全部个体量的百分比。

2. 群落数量特征的调查方法

对群落的调查,不可能把群落内所有个体一一查清,一般是选取一些有代表性的样地进行调查。根据选取样地的形状和方法的不同,可分为样方、样圆、样条、样线等调查方法,其中应用最广泛的是样方调查法,即取一些方形或长方形的地段作为群落的代表进行调查。

样方的大小、形状、数目和布局,应根据植物群落的类型、性质、结构等特征来决定。样方的数目还要看调查所需的准确度,一般每个群落以选 3~5 个样地为宜。样方的布局,可以是均匀分布,也可以是随机取样。样方的形状应取决于群落内植物的分布情况及地形等群落特征。样方的大小一般的参考面积是:草本群落 1 m^2,灌木丛 25 m^2,乔木林 100 m^2 左右。

选择的样地应具有代表性,植物种类分布均匀,群落结构完整,层次分明,生境一致。

四、资料的整理与分析

根据调查的结果,编制出植物名录,编制出群落内植物的生活型谱,计算出各种乔木的密度、频度、盖度及其相对值,由此再求得重要值,确定优势种类。

五、思考题

你所调查的植物群落有什么特点?

附:群落调查常用的一些表格。

表 3－1　森林植物群落调查表

样方编号		面积		日期　　年　月　日

群落名称：

地理位置：　　　　　　　　　　　　　　　　海拔高度：

地形：　　　　　　　　　　　　　　　　　　土壤：

死地植物：　　　　　覆盖厚度(cm)：　　　　覆盖度：

周围环境：

植被的季相及其他特征：

表 3－2　乔木层调查表

样地号：　　　　　样地面积：　　　　　总盖度：　　　　　地理位置：
调查时间：　　年　　月　　日　　　　调查者：

植物种名	亚层	株数	盖度	高度		冠幅		胸径		枝下高	生活型	物候期	备注
				平均	最高	平均	最大	平均	最大				

表 3－3　灌木层调查表

样地号：　　　　　样地面积：　　　　　总盖度：　　　　　地理位置：
调查时间：　　年　　月　　日　　　　调查者：

植物种名	亚层	株数	盖度	高度		胸径		生活型	生活力	物候期	备注
				平均	最高	平均	最大				

表 3-4　草木层调查表

样地号：　　　　　样地面积：　　　　　总盖度：　　　　　地理位置：

调查时间：　　　年　　月　　日　　　调查者：

植物种名	亚层	叶层高度	生殖枝的高度	盖度	株数	生活型	生活力	物候期	备注

表 3-5　植物群落特征综合表

群落名称：　　　样地：　　　样地面积：　　　总盖度：　　　地理位置：

调查时间：　　　年　　月　　日　　　调查者：

植物种名	密度	相对密度	优势度	相对优势度	频度	相对频度	重要值

实验四十二　草本植物群落生物量的测定

一、实验目的

1. 学习草本植物生物量的测量方法。

2. 了解生物量在植物各器官中的分布。

3. 通过地下生物量的测定,了解根系在土壤中的分布规律及其与地上生物量的联系。

二、实验材料

样方架,剪刀,塑料袋,铲刀,土壤筛,镊子,天平,烘箱,标签,记录表格,纸袋,统计图纸。

三、实验原理

植物生产量是指一定时间内单位面积(实际是空间)的绿色植物群落光合产物的干物质总量,一般用"吨/公顷·年"或"克/平方米·年"来表示。群落中植物的生产量除去植物呼吸的消耗量就是群落的净生产量。在某一时间,单位面积的植被中所包含的植物体干重称为现存生物量;起始时的现存量和停止生长时的现存

量之差,再加上采食和枯落量就是净生产量。

四、实验内容和方法

1. 地上生物量的测定

测定草本植物的地上生物量多采用刈割法,即把地上植物器官全部刈割下来进行测量。根据研究的目的不同,又分为分种刈割、分层刈割、各种器官的测定、凋落物的测量、不同季节生物量的测量。

地上生物量测定的方法和步骤:

(1) 选择合适的样地,做出测定计划。

(2) 观察并记录群落特征。

(3) 根据研究目的,用不同的刈割方式割取植物器官,写上标签,分装到不同的袋内,尽快称出鲜重,准备烘干。

(4) 收割后应及时烘干,烘干需在 65℃ 左右的温度下烘约 10 h,然后称取干重。

(5) 把测得的数据一并记入表3-6。

表3-6 地上生物量统计表

植物名称	植株高度	株数	密度	盖度	物候期	鲜重				干重			
						1	2	3	⋯	1	2	3	⋯

2. 地下生物量的测定

因地下生物量的消耗和损失不易测定,常把这些忽略不计,只能大体上测出生物量的近似数据。每年可在生长初始和生长量高峰期进行两次测定,求得多年积累的现存生物量和年增长量。

依植物器官形态的不同可进行分种、分项测定;还可以按土壤层次分层取样,测定不同土壤层次中的生物量。

地下生物量的测定方法和步骤:

(1) 在完成地上生物量测定的样地上,挖掘长 100 cm×宽 60 cm×深 120 cm 的土坑。

(2) 削平土壤剖面,按一定层次(每层 5～10 cm)和体积用铲刀切取土块,并写好标签装入袋中。也可用筒钻打入各土层中,取出一定体积的土块。

(3) 把土块过土壤筛,并用清水冲洗,滤出根系及地下器官。

(4) 把滤出的地下器官分种、分类、分项进行分装。

（5）将整理好的样品称鲜重后进行烘干，烘干需在70℃左右烘干约10 h，然后称干重。

五、思考题

1. 生物量在植物各器官中是如何分布的？
2. 根系在土壤中的分布和地上生物量有什么关系？

实验四十三　植物细胞脱分化过程的观察

一、实验目的

1. 掌握无菌操作方法，将植物器官培养成愈伤组织。
2. 学习植物组织石蜡切片方法。
3. 观察形成愈伤组织过程中，细胞形态结构的变化。

二、实验原理

植物成熟的活细胞往往具有全能型。在一定条件下，给予一定的营养和激素，对植物组织进行离体培养，其细胞可以脱分化，从而形成愈伤组织。而愈伤组织的细胞可以分裂分化，直至形成新的植物幼体。

三、实验器材

胡萝卜贮藏根。

恒温培养箱，铝饭盒，培养皿，烧杯，刀片，乙醇棉球，石蜡切片机，烘箱，显微镜，染色缸，小培养皿，镊子，毛笔，吸水纸，纱布，载玻片，盖玻片，切片架等。

无菌水，脱分化培养基（MS培养基，10 g/L蔗糖，2 mg/L 2,4-D，10 g/L琼脂），70％乙醇，无水乙醇，二甲苯，甲醛，冰乙酸，1％番红染色液（70％乙醇配制），0.1％固绿染色液（95％乙醇配制），石蜡，粘片剂，中性树胶，蒸馏水等。

四、实验内容和方法

（一）脱分化培养

1. 操作前用温水和肥皂将手充分擦洗干净。
2. 将用自来水洗净的胡萝卜贮藏根洗净，切块，约2 cm见方。
3. 用乙醇棉球擦手，进行消毒。
4. 用消毒的镊子，将切块投放到装有70％乙醇的培养皿中，浸泡30 s。
5. 将乙醇浸泡后的切块装入无菌水的饭盒中，10 min，后转移到另外一个装有

无菌水的饭盒中,浸泡同样时间,后转移到第三个装有无菌水的饭盒中,继续浸泡20 min 以上。

6. 将切段取出,置无菌培养皿中,在无菌箱中,进行无菌操作,切去根的边缘,将其切成 3 mm×3 mm×2 mm 大小的方块。

7. 在无菌条件下,用小镊子和接种针将组织小块放入盛有脱分化培养基的三角烧瓶中,每瓶放 5～6 块,挂上标签。

8. 25℃恒温培养箱中避光培养(最长 3～4 周)。6 组重复。

(二)显微观察

在脱分化培养过程中不同时间段的组织,采样(一周一次,或以外观变化状况作为采样时间依据),切块(2 mm×2 mm×3 mm),制作石蜡切片。观察其显微结构。以未培养组织做空白对照。

1. 石蜡切片制作

(1)固定 将切块用 50% FAA 固定液(50%乙醇：甲醛：冰乙酸＝16：1：1),置于 4℃固定 24 h。

(2)脱水 将固定液倒去,加入 50%乙醇,室温静置 30 min;重复一次,室温静置 20 min。换 70%乙醇,室温脱水过夜。次日继续脱水,乙醇浓度梯度和时间依次为:80%乙醇 1 h,95%乙醇 1 h,无水乙醇 1 h,无水乙醇 40 min。

(3)透明 1/2 无水乙醇＋1/2 二甲苯混合液 1 h,纯二甲苯 1 h,纯二甲苯 40 min。最后加入少量二甲苯(浸没材料即可)和碎蜡,放入 38℃温箱中过夜。

(4)浸蜡 将温箱温度调至 56℃,1 h;换蜡(二级)1 h;换蜡(三级)40 min。温度上升到 56℃时,开始计时。

(5)包埋 将带有材料的液体蜡倒入叠好的纸槽中,迅速放入冰水中使蜡凝固,防止气泡产生,以及凝蜡不匀。

(6)切片 修整蜡块,用石蜡切片机切片,厚度 5～10 μm。

(7)贴片 在载玻片上涂少许粘片剂,将切好的蜡带放入温水中,捞至载玻片上,最后置于 37℃恒温箱过夜烤片。

(8)脱蜡及染色(番红-固绿对染)依次将切片放入各染色缸脱蜡,二甲苯 60 min;二甲苯 5 min;1/2 无水乙醇＋1/2 二甲苯混合液 5 min;无水乙醇 5 min;无水乙醇 5 min;95%乙醇 5 min;80%乙醇 5 min;1%番红,室温过夜;80%乙醇 5 min;0.1%固绿,迅速蘸一下,大约 10 s;直接放到 95%乙醇 5 min;无水乙醇 5 min;无水乙醇 5 min;1/2 无水乙醇＋1/2 二甲苯混合液 5 min;二甲苯 5 min (2 次)。

(9)封片 从二甲苯中取出后,立即在载玻片上滴一滴中性树胶,盖上盖玻片。

2. 显微镜观察

在显微镜下,观察细胞形态、结构和大小的变化。

五、思考题

1. 比较动植物细胞的全能性差异。
2. 愈伤组织的细胞从何而来？在培养过程中,细胞的数量有没有增加?
3. 在组织培养过程中,为何要进行无菌操作?

实验四十四　校园植物调查

一、实验目的

1. 通过对校园植物的调查,熟悉观察区域植物及其分类的基本方法。
2. 认识校园内常见植物。

二、实验器材

笔记本,铅笔,放大镜,镊子,检索表等。

三、实验内容和方法

1. 校园植物形态特征的观察

形态结构的观察起于根(或茎基部),结束于花、果实和种子。先用眼睛进行整体观察,细微、重要部分须借助于放大镜观察。特别是对花的观察、研究要极为细致、全面,从花柄开始,通过花萼、花冠、雄蕊,最后到雌蕊。必要时对花进行解剖,分别作横切和纵切,观察花各部分的排列情况、子房的位置、组成雌蕊的心皮数目、子房室数及胎座类型等。只有这样才能全面、系统地掌握植物的详细特征,才能正确、快速地识别和鉴定植物。

2. 校园植物种类的识别和鉴定

在对植物观察清楚的基础上,对校园内特征明显、自己很熟悉的植物,确认无疑后可直接写下名称;生疏种类借助于植物检索表等工具书进行检索、识别。

把区域内的所有植物鉴定、统计后,写出名录并把各植物归属到科。

3. 校园植物的归纳分类

(1) 按植物形态特征分类

　　木本植物:

　　　　乔木

　　　　灌木

　　　　木质藤本

草本植物：
　　　　一年生草本
　　　　二年生草本
　　　　多年生草本
（2）按植物系统分类
　　苔藓植物
　　蕨类植物
　　裸子植物
　　被子植物
　　双子叶植物
　　单子叶植物
（3）按经济价值分类
　　观赏植物
　　药用植物
　　食用植物
　　纤维植物
　　油脂植物
　　淀粉植物
　　材用植物
　　蜜源植物
　　鞣质植物
　　其他经济植物

四、思考题

校园自然生长的植物有哪些？其生境如何？

实验四十五　草履虫的培养和
在有限环境中的种群增长

一、实验目的

学习草履虫的采集、培养方法，通过实验了解环境条件对种群增长的影响。

二、实验器材

草履虫。

显微镜,血球计数板,250 ml 三角烧瓶,大烧杯,量筒,电炉,天平,移液管或移液器,滴管,纱布,干稻草。

砷汞饱和溶液。

三、实验方法

(一)草履虫的采集和培养

1. 采集

在有机质丰富且不大流动的河沟或池塘里一般有草履虫生活,特别是细菌丰富的水中,草履虫更多,密度大时水呈灰白色。用烧杯舀入河水或塘水。

2. 培养液的准备

取稻草 10 g,剪成长 3 cm 左右的小段,放在 1 000 ml 水中煮沸 30 min(煎出液呈淡黄棕色),冷却备用。

3. 培养

将含有草履虫的河水或池塘水接种入草履虫培养液,1 周后可有大量的草履虫。可在培养液中加少量玉米粉等物促进草履虫的繁殖。

(二)草履虫在有限环境中的种群增长

1. 制备草履虫原液

可将培养的草履虫用低速离心浓缩制得。

2. 确定培养液中草履虫的最初密度

先用吸管吸取 1 滴砷汞饱和液于血球计数板上,然后用 0.1 ml 移液管吸取草履虫原液滴在血球计数板上,则草履虫被固定,可以在显微镜下观察计数。用这种方法反复取样观察草履虫原液 1 ml,统计出 1ml 原液中的草履虫数,估算出草履虫原液的种群密度。

3. 培养观察

吸取草履虫原液,放在新鲜的稻草煎出液中稀释,使培养液的草履虫密度为 5~10 只/毫升,作为实验第一天的种群密度。将稀释好了的草履虫培养液倒在 250 ml 的三角瓶中,草履虫培养液的量以占三角瓶容积的 1/2 为宜。

为了确保结果准确,应再检测一下三角瓶中培养液的草履虫种群密度,正式确定培养液中第一天的种群密度。

用纱布罩上已确定培养液种群密度的三角烧瓶,分两组放在 18~20℃的恒温箱中培养,每组 3 个重复。每天定时测定一次草履虫的密度。第一组不进行任何处理。第二组分别在第 3 天和第 5 天加入相当于种群培养液的 1/20 的稻草段煎出液。观察结果记入表 3-7。

表 3 - 7　草履虫种群密度统计表

培养天数	观测虫数(只/毫升)					
	第一组			第二组		
	1	2	3	1	2	3
1						
2						
3						
4						
5						
6						
7						
8						
9						
10						

四、思考题

1. 两组实验结果为什么不同？
2. 自然界的种群是否能够无限增长,为什么？

实验四十六　果蝇的饲养及其生活史与性状观察

一、实验目的

熟悉果蝇的饲养方法,掌握果蝇的雌雄性别鉴定方法,观察其多种突变性状,熟悉其生活史及生活习性。

二、实验器材

果蝇。

高压蒸汽灭菌锅,恒温培养箱,电炉,烧杯,培养瓶(锥形瓶),解剖镜,棉花塞,玻璃棒,镊子,漏斗,滤纸,石棉网。

乙醚,乙醇,酵母粉,琼脂,玉米粉,白糖,蒸馏水。

三、实验内容和方法

（一）果蝇的饲养及生活史观察

1. 收集果蝇

将烂水果放在饮料瓶内引诱果蝇,待收集到一定数量的果蝇后盖上瓶盖。

2. 培养基的配制

准备 A、B 两只烧杯,A 杯加入糖 6.2 g,琼脂 0.62 g,蒸馏水 38 ml,煮沸溶解,B 杯加入玉米粉 8.25 g,蒸馏水 38 ml,边加热边搅拌均匀。将 A、B 混合,加热成糊状后,加 0.5 ml 丙酸,即可分装到饲养瓶中(约 2 cm 厚),塞上塞子,高温灭菌。待培养基冷却后,用乙醇棉球擦瓶壁,然后在培养基表面撒上一层酵母粉,插上一片灭菌的滤纸片作为幼虫化蛹的干燥场所。塞上塞子。

待 1～2 天后,见到培养基表面有一层白色菌膜出现时,就可用于接种果蝇了。

3. 果蝇的接种

将果蝇从收集瓶中转移到麻醉瓶中进行麻醉,按下列步骤操作:

(1) 轻拍收集瓶,使果蝇落于其底部。

(2) 取下收集瓶盖,将其与麻醉瓶紧密对接。

(3) 左手紧握两瓶接口处,转动,使收集瓶位于斜上方。

(4) 右手轻拍收集瓶将果蝇震落到麻醉瓶中。

(5) 分开两瓶,盖好麻醉瓶盖。

(6) 将麻醉瓶中的果蝇轻拍到瓶底,迅速打开盖子,用镊子夹住蘸有乙醚的棉球塞住瓶口,待大多数果蝇行动迟缓或者不再爬动后拿开棉球,用毛笔将果蝇转移到白瓷板上(如果果蝇翅膀与身体成 45°时,表明麻醉过度,果蝇已经死亡)。

(7) 用毛笔在无菌操作条件下,将果蝇接种到饲养瓶中,每个饲养瓶分样 5～10 对。移入新培养瓶时,须将瓶横卧,然后将果蝇挑入,待果蝇清醒后,再将培养瓶竖起,以防果蝇沾在培养基上。接种完成后,将饲养瓶放入 25℃的恒温箱中培养。

4. 生活史观察

在 25℃时,果蝇从卵到成虫约 10 天,成虫约活 15 天。果蝇的一生为完全变态发育,生活史经历受精卵、幼虫、蛹和成虫四个时期。每天定时观察并记录其发育状况。

(1) 卵　白色,长椭圆形,长为 0.5～0.7 mm,在背面的前端伸出一对触丝,它能使卵附着在柔软的食物上,不至于深陷到食物中去。

(2) 幼虫　幼虫从卵孵化而来,经历一龄、二龄和三龄,其间经历两次蜕皮。到三龄期时,体长可达 4～5 mm。在解剖镜下观察可见一端稍尖为头部,并且有一黑点即口器,稍后有一对半透明的唾腺,每条唾腺前有一条唾腺管向前延伸,然后会合成一条导管通向消化道。神经节位于消化道前端的上方。

（3）蛹 在25℃，幼虫生活5天左右即化蛹，化蛹前从培养基中爬出附在瓶壁上，渐次形成一个棱形的蛹。起初颜色淡黄、柔软，以后逐渐硬化，变为深褐色，这就显示即将羽化了。

（4）成虫 刚羽化出的果蝇，身体狭长，翅还没有展开，身体较白嫩，不久蝇体变为粗短椭圆形，双翅展开，体色加深。

（二）性状观察

1. 雌雄鉴别

将果蝇深度麻醉，致死无妨观察。

果蝇的雌、雄辨别主要有以下依据：雌蝇形体较大，腹部末端色浅，腹部背面有五条黑色条纹，腹部末端稍尖；六个腹片，腹部底部产卵管呈圆锥状凸出。雄蝇形体较小，腹部末端黑色，腹部背面有三条条纹，最后一条极宽并延伸到腹面呈一明显黑斑；腹部末端呈钝圆形；四个腹片，腹尖底部为交尾器，呈现黑色，圆形外观；在第一对足的跗节基部有性梳（黑色鬃毛结构，形似一小梳）（图3-1）。

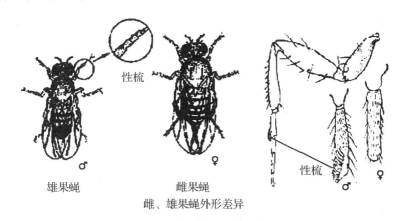

雄果蝇　　　　　　　　雌果蝇
雌、雄果蝇外形差异

图3-1 雌、雄果蝇外形差异

2. 突变性状观察

野生型果蝇为红眼、长翅、灰身、直刚毛，与这些性状对应的突变性状很多。

（1）眼

①棒眼：复眼呈横条形，小眼数目多。

②褐眼：眼呈褐色。

③白眼：复眼白色。

④猩红眼：复眼呈明亮猩红色。

⑤黑色眼：羽化时呈现褐色并生化成深黑色。

（2）翅

①卷曲翅：翅膀向上弯曲。

②小翅：翅膀小，长度不超过身体。

③残翅：翅膀明显退化，部分残留，不能飞。

（3）体色

①黑檀体：身体呈乌木色，黑亮。

②黑体：体黑色，比黑檀体深。

③黄体：全身呈浅黄色。

（4）刚毛

①叉毛：刚毛分叉、弯曲。

②焦刚毛：刚毛卷曲如烧焦状。

四、思考题

1. 描述你所收集到的果蝇的性状特征。

2. 本实验中，酵母菌有何作用？

3. 谈谈培养温度对果蝇生活史影响的可能原因。

4. 作为模式动物的果蝇有哪些优点？

实验四十七　蝌蚪的变态发育及甲状腺激素对其发育影响的观察

一、实验目的

观察蝌蚪的变态发育过程，了解蝌蚪和成蛙在形态结构和生活习性上的差异，观察甲状腺素对蝌蚪变态发育的影响。

二、实验原理

变态发育又称间接发育，是指动物在发育过程中，形态结构和生活习性上出现一系列的显著变化，幼体和成体差别很大，改变形态集中在短时间内完成。

蝌蚪一般生长 3 个月左右完成形态变化而成蛙。蝌蚪的变态发育过程，包括后肢和前肢的出现，尾的吸收，嘴变扁变大，鳃的消失等体型变化。

甲状腺参与动物的胚胎发育的过程，例如对蝌蚪变态有明显的影响，切除甲状腺，则蝌蚪不能完全变态而长成大蝌蚪，而加喂甲状腺素（或加喂少量新鲜甲状腺）能加速蝌蚪变态成蛙。

三、实验器材

同种同时孵化的蝌蚪，大广口瓶，有孔匙羹，平底玻璃碟，方格纸（1 mm×1 mm），绿藻，鲜猪（或牛）肝，鲜猪（或牛）甲状腺，甲状腺粉（配成 2％溶液），碘液，放大镜，解剖镜，解剖器械。

四、实验内容和方法

1. 将同种同期发育的大小相等的蝌蚪 8 只分别置于盛有 300 ml 干净池塘水并加少许绿藻的广口瓶内。分成 5 组。

第 1 组　对照。

第 2 组　加鲜肝(磨碎)0.5 g。

第 3 组　加鲜甲状腺(磨碎)0.5 g。

第 4 组　加甲状腺粉溶液 20 ml。

第 5 组　加 10％碘化钾溶液数滴。

将各瓶置于同一温度与同一光线下,每两天更换饲养液一次。

2. 每天定时观察其生长状况(图像与文字记录),每隔三日,用有孔匙羹将蝌蚪捞起后放入一平底玻璃培养皿内,再将培养皿放于一方格纸上(1 mm×1 mm),测量蝌蚪的长度,并在解剖镜或放大镜下,测量、观察和记录鳃、后肢以及前肢的出现、消失时间,口部的变化等等。选择在典型的发育时期(如后肢出现,前肢出现,尾部消失时),解剖观察其鳃、肺、心脏及消化道的结构。

五、思考题

1. 给蝌蚪喂饲甲状腺制剂对它的生长发育有哪些影响?

2. 如应用大剂量甲状腺激素时,蝌蚪的发育会有什么变化?

实验四十八　脊椎动物心脏结构的比较观察

一、实验目的

观察鱼类、两栖类、爬行类、鸟类、哺乳类动物心脏的形态结构。

二、实验器材

鲫鱼,蟾蜍,中华鳖,家鸽(或鸡),猪心。

解剖器,放大镜。

三、实验内容和方法

1. 哺乳动物的心脏

用新鲜的猪心进行解剖观察。

识别猪心的左右心房和左右心室。

用解剖刀沿肺静脉、左心房到左心室切开,再沿肺动脉到右心室切开。同侧

心房和心室之间借房室口相通,左、右心房由房间隔分隔,左、右心室由室间隔隔开。

(1)右心房 壁薄腔大,腔的后上方为上腔静脉入口,后下方为下腔静脉入口。下腔静脉口之前为右房室口,二者之间为冠状窦口。在房间隔上有卵圆窝。

(2)右心室 壁薄,内表面有许多隆起的肉柱,还有3组大的肌性隆起称乳头肌。腔前方为肺动脉口,口周围有3个半月瓣,为肺动脉瓣;腔后方为右房室口,口周围有3个三角形瓣膜,为三尖瓣,各瓣膜借腱索分别与乳头肌相连。

(3)左心房 腔前下方为左房室口,后部两侧各有3个肺静脉口。

(4)左心室 壁最厚,腔呈圆锥形,底部有2口。左房室口位于左后,有两片瓣膜称二尖瓣,借腱索与室壁上的乳头肌相连。主动脉口位于右前,有三个半月形瓣膜,为主动脉瓣。

2. 鱼类的心脏

取活鲫鱼,打开前端腹腔,在腹腔前下方(两胸鳍位置附近),可观察到一横隔膜,在隔膜的前方与最后一对鳃弓的后腹方之间的腔隙即为围心腔,心脏位于围心腔内。

观察心脏的搏动过程。

心脏由一心室、一心房和静脉窦等组成。心室位于围心腔中央处,淡红色,其前端有一白色厚壁的圆锥形小球体,为动脉球。自动脉球向前发出1条较粗大的血管,为腹大动脉。心房位于心室的背侧,暗红色,薄囊状。静脉窦位于心房后端,暗红色,壁很薄。

取下心脏,打开心室、心房、动脉球、静脉窦,在放大镜下观察内部结构,观察心室与心房,心室与动脉之间有无防止血液倒流的瓣膜结构。

3. 蟾蜍的心脏

将蟾蜍双毁髓后,腹面向上,打开体腔,即可观察到包围在围心囊内的搏动的心脏,用眼科剪仔细剪开心包,暴露心脏。蟾蜍的心脏由静脉窦、二心房、一心室、动脉圆锥组成。

位于后方的淡红色的结构为心室,从心室的腹面右上角通出一根斜向左方的白色管子,为动脉圆锥。动脉圆锥前端分成左右两支,即左右动脉干。心室上方,动脉圆锥下方,可见深红色的心房,左右各一。按心脏的搏动顺序,能清楚地辨别两个深红色的心房和一个淡红色的心室。用镊子夹住心尖,轻轻翻开心室,在心脏背侧可看到三根大静脉汇入一个暗红色薄壁囊,为静脉窦。

打开心脏各腔,观察窦房间、房室间、心室与动脉圆锥相接处的瓣膜结构。

4. 中华鳖的心脏

用蘸有乙醚的脱脂棉球植入中华鳖的泄殖腔深处。实验中要注意安全,防止被动物咬伤。

将动物腹甲朝上,置于解剖盘内,用解剖剪剪开颈(或尾)的腹面皮肤,然后向

两侧剪开,将背、腹甲分离(背、腹甲在体侧接缝位于背面),去掉整块腹甲,暴露内脏器官。

剪开包心膜,暴露心脏,可见心脏由一心室、二心房和静脉窦组成。心室位于腹面,呈倒三角形。心房位于心室前方,左右两心房由隔膜完全分开。用钝镊子提起心脏,向前翻转,可见心脏背面中央为横置的椭圆形的静脉窦。无动脉圆锥与心室相连。

在体打开心脏各腔,洗去血污,用玻璃探针,探究与心室相连的各血管,探究其走向(肺动脉弓通向肺,左动脉弓和右动脉弓为体循环的动脉支)。

观察心室之间有无间隔,心脏各腔之间的瓣膜,以及心室与动脉之间的瓣膜结构。

5. 家鸽的心脏

将家鸽麻醉,暴露胸腔。心脏位于躯体的中线上,体积很大。用镊子拉起心包膜,然后以小剪刀纵向剪开。从心脏的背侧和外侧除去心包膜,可见心脏被脂肪带分隔成前后两部分。前面褐红色的扩大部分为心房,后面颜色较浅的为心室。

剪下心脏,剖开心脏,用玻璃探针探究与心脏四腔相通的血管,观察心脏的四腔结构,观察心房与心室,心室与动脉之间的瓣膜结构。

四、思考题

1. 比较鱼类和两栖类的心脏结构,分析两类动物血液循环效率。

2. 两栖类和爬行类的心脏均为二心房,一心室,结合它们的循环路径,分析在氧气的运输过程中,哪个效率更高。

3. 分析鱼类与哺乳类(或鸟类)的血液循环有何区别? 两者在气体运输的效率上有差异吗? 分析两种心脏结构和血液循环方式可能产生的效果差异。

实验四十九　红细胞渗透现象的观察

一、实验目的

1. 掌握测定红细胞渗透脆性的方法;观察在不同浓度的低渗环境下的溶血速度。

2. 观察红细胞在不同渗透压环境下,红细胞的大小、形态和数量的变化。

二、实验原理

水分子从渗透压低的一侧通过细胞膜向渗透压高的一侧扩散的现象称为渗透作用。动物细胞在体内处于等渗环境,细胞外液的渗透压对维持细胞正常形态与

功能具有重要作用。人和哺乳动物的红细胞内的渗透压约相当于 0.9% NaCl 溶液,其与血浆等渗。将红细胞置于等渗溶液中,其形态和容积可保持不变。若将红细胞悬浮于低渗的 NaCl 溶液中,则水分进入红细胞使之膨胀,体积增大,甚至引起细胞膜破裂,引起细胞数量减少,红细胞置于渗透压越低的溶液中,水分进入细胞的速度就越快,细胞就越先溶解;而当红细胞置于高渗环境中,细胞失水,细胞的形态和体积也随之发生相应的变化。

三、实验器材

家兔。

试管架,离心机,小试管,注射器,移液管或移液器,血球计数板,显微测微尺。

3.8% 的枸橼酸钠,2% NaCl 溶液,蒸馏水,生理盐水。

四、实验内容和方法

1. 制备红细胞混悬液

用注射器从兔的耳缘静脉取血 2 ml,加入盛有 3.8% 枸橼酸钠溶液 0.2 ml 的离心管中,混合,放入离心机中,离心(3 000 rpm,5 min),取出后,弃上清液,加入 2 ml 生理盐水,洗涤,再离心,共洗涤两次。洗涤后,加入 4 ml 生理盐水,配制成红细胞悬液(50%)。

2. 配制 NaCl 溶液

取试管 10 支,排列于试管架上,按顺序编号(1~10 号),按表 3-8,配制各种浓度的 NaCl 溶液。

表 3-8　各种浓度的 NaCl 溶液配制表

试液	1	2	3	4	5	6	7	8	9	10
2% NaCl(ml)	0.6	0.7	0.8	0.9	1.0	1.1	1.3	1.8	2.0	4.0
蒸馏水(ml)	3.4	3.3	3.2	3.1	3.0	2.9	2.7	2.2	2.0	0
溶液浓度(%)	0.30	0.35	0.40	0.45	0.5	0.55	0.60	0.9	1.0	2.0

3. 测红细胞在不同溶液中的溶血时间

在每支试管中,分别加入 2 滴红细胞悬液,摇匀、静置。肉眼观察,并记录加入血细胞时间及溶血出现时间。溶血现象判定:管内液体变成红色透明,为完全溶血;管上方红色透明,下方浑浊为不完全溶血。上方无色,下方浑浊为不溶血。

4. 观察在不同溶液中红细胞的大小和数目变化

将所有试管内成分混匀,取血球计数板,对红细胞进行计数,观察其形态变化,并用显微测微尺测量其大小(测量方法,参看实验四)。记录数据。

五、思考题

1. 在同样的低渗溶液中,为什么有些红细胞破裂而有些红细胞不破裂?
2. 把红细胞置于高渗的尿素溶液中,红细胞会发生渗透性失水吗?
3. 根据实验结果计算分析,红细胞即将破裂时,是不是球形?

实验五十　影响酶活性的因素及酶浓度对反应速度的影响

一、实验目的

1. 观察温度、pH、激活剂及抑制剂对酶活性的影响。
2. 观察酶浓度对酶促反应速度的影响。

二、实验原理

酶的催化活性受多个环境因素的影响,温度、pH、各种辅助或抑制因子都可影响酶的活性。酶浓度会影响酶促反应的速度,酶促反应的速度与酶浓度成正比。

三、实验器材

恒温水浴锅,试管,移液枪,50ml 锥形瓶,量筒,烧杯,滴管,试管架,白瓷板。

稀释后的唾液,淀粉溶液,蒸馏水,1% NaCl 溶液,1% Cu_2SO_4 溶液,1% Na_2SO_4 溶液,0.2 mol/L NaH_2PO_4 溶液,0.1 mol/L 柠檬酸溶液,KI-I_2 溶液,冰水。

四、实验内容与方法

(一)唾液采集

收集前用蒸馏水漱口,以清除食物残渣,再含少量蒸馏水或置一只小玻璃球于口中,以刺激唾液分泌,待口腔中有较多量的唾液后,吐入量筒,可多次采集。采集结束后,加蒸馏水稀释 100 倍(稀释倍数可根据各人唾液淀粉酶活性进行调整),混匀备用。

(二)观察项目

1. 温度对酶活性的影响

取 4 支试管,编号并按表 3-9 流程操作。

表 3 - 9　观察温度对酶活性影响的操作流程

管号	1	2	3	4
处理流程	加 0.5% 淀粉溶液 2 ml		加 0.5% 淀粉溶液 2 ml,置冰水中 15 min	
	加煮沸过的稀释唾液 1 ml	加稀释唾液 1 ml	加已置冰水中 15 min 的稀释唾液 1 ml	
	37℃水浴 15 min		冰浴 15 min	37℃水浴 15 min
	加 KI - I₂ 溶液于各管中 1 滴,记录各管颜色变化			

2. 活化剂和抑制剂对酶活性的影响

取 4 支试管,编号并按表 3 - 10 流程操作。

表 3 - 10　观察活性剂和抑制剂对酶活性影响的操作流程

管号	1	2	3	4
处理流程	各管分别加入 0.2% 淀粉溶液 1 ml			
	分别加入稀释唾液 0.5 ml			
	加 1% 氯化钠溶液 0.5 ml	加 1% 硫酸铜溶液 0.5 ml	加 1% 硫酸钠溶液 0.5 ml	加蒸馏水 0.5 ml
	37℃恒温水浴,10 min			
	加 KI - I₂ 溶液于各管中 1 滴,记录各管呈现的颜色			

3. pH 对酶活性的影响

(1) 配制缓冲液　取 4 个标号的锥形瓶,按表 3 - 11 配方,配制 pH 5.0～8.0 的 4 种缓冲液。

表 3 - 11　不同 pH 的缓冲液配方

锥形瓶号	0.2 mol/L NaH₂PO₄ 溶液(ml)	0.1 mol/L 柠檬酸(ml)	pH
1	5.15	4.85	5.0
2	6.05	3.95	5.8
3	7.72	2.28	6.8
4	9.72	0.28	8.0

(2) 取 4 支试管,编号并按表 3 - 12 操作。

表 3－12　观察 pH 对酶活性影响的操作流程

管号	1	2	3	4
处理流程	pH 5.0 缓冲液 3 ml	pH 5.8 缓冲液 3 ml	pH 6.8 缓冲液 3 ml	pH 8.0 缓冲液 3 ml
	各管分别加入 0.5％淀粉溶液 2 ml			
	依次间隔 1 min 向各试管中加入稀释唾液 2 ml，混匀			
	1 min 后，将各试管依次放入 37℃水浴，在 4♯管加入唾液后 2 min，每隔 1 min，取 3♯内 1 滴混合液，置白瓷板上，加 KI－I_2 溶液，待混合液变为棕黄色时，向所有试管加入 1 滴 KI－I_2 溶液，观察并记录各管现象			

4. 酶浓度对酶促反应速度的影响

取 4 支试管，编号并按表 3－13 操作。

表 3－13　观察酶浓度对酶促反应速度影响的操作流程

管号	1	2	3	4
处理流程	各管加 0.5％的淀粉溶液 2 ml，并滴加 1 滴 KI－I_2 溶液（呈蓝色）			
	加 1：100 稀释唾液 1.0 ml	加 1：200 唾液稀释液 1.0 ml	加 1：400 唾液稀释液 1.0 ml	加 1：800 唾液稀释液 1.0 ml
	摇匀各管，如在冬季，置 37℃温水中，气温较高时，室温下即可。计时观察管内颜色的变化。根据淀粉的水解程度，颜色变化过程为蓝色—紫色—褐色—无色			

五、思考题

1. 酶促反应的最适温度是酶的特征物理常数吗？它与哪些因素有关？

2. 酶促反应的最适 pH 是否是一个常数？它与哪些因素有关？这种性质对于选择测定酶活性的条件有什么意义？

3. 抑制剂与变性剂有何不同？举例说明。

第四章　实验设计基础知识

科学的发展建立在不断地运用科学方法对客观现象进行研究的基础上。探索性实验是指人们为探寻未知事物或现象的性质以及规律所进行的实践活动。生命科学大厦的建立与探索性实验紧密相关，而探索性实验的实施，必须依赖于实验设计。实验设计是指在科学研究之前，由研究者对科学研究工作的计划和具体实施方案进行全面的规划和设计，其目的是制订出一个通盘的、周密的、安排合理的、科学性强的设计方案。实验设计是科研工作的先导，是科研进行过程中的依据，是实验数据统计处理的前提，是所得结果准确可靠的保证。实验设计的主要内容及原则包括以下几个部分。

一、选题

1. 提出问题

问题是科学研究的起点。提出问题又称立题，就是确定所要研究的课题。生命科学的研究课题来源于对生命现象深入而细致的观察，来源于生产实践活动中所发现的问题。学生的实验设计由于条件所限，立题范围不易过宽，应主要针对教科书中所介绍的理论知识中的难点、疑点，提出问题；也可就身边所观察的特有的生命现象进行研究，还可就生物学研究的新技术、新方法提出设想或改进等等。立题的正确与否决定着实验的成败，只有研究课题选得好，实验研究才能够取得有意义的成果。

2. 形成假说

所谓假说，就是对所提出的问题的尝试性解释。即根据已有的知识、实践以及经验等的积累，对所提出问题进行大体的分析和逻辑推理，提出该问题的可能答案或结果，也就是实验研究的原理和预期结果。假说是课题研究前重要的思想理论准备，建立了假说，实验设计才更具有目的性、计划性和预见性，就更能发挥研究者的主观能动性。形成假说这一过程需要有扎实的理论积累，并深刻理解前人或他人的相关论点和资料，这就需要学习和查阅文献资料，从而为选题寻找理论上和实践上的依据，使所选的研究课题有一个科学的假说或假定的答案，并有可行的手段。

假说仅仅是一种比较科学的预见和主观推测，并非客观事实，还需要依靠周密的科学实验加以验证。切不可将假说变成研究者的主观偏见和主观臆断。

3. 确定题目

在科学假说已经形成,实验手段已经确定之后,再对科研问题的假说和证实这一假说的手段加以概括,即可形成题目。一个科研题目一般要反映出 3 个因素及其关系,即实验对象、处理因素和实验效应及它们之间的关系。

二、实验设计时必须遵循的几个原则

设计就是制订出完成课题研究的实施方案,主要内容应包括实验对象的设计、处理因素的设计、实验方法和观察指标的设计、对照与分组设计、实验误差控制的设计、统计处理的设计等。在进行这一系列设计时,必须遵循以下基本原则。

（一）对照

实验对照是科学研究中常用的一种方式,通过实验对照,可为分析导致实验结果产生的原因提供事实依据和证据。影响实验结果的因素很多,有些因素能控制,有些因素不能控制,为了解决这个问题,可在实验中设立单因素变化的对照组,通过对对照组和实验组的比较来消除各种非处理因素的影响,所以,没有对照的实验,其结果产生原因就无法确定。对照组与实验组之间除了处理因素的差别之外,其他一切条件应力求一致,其目的是为了能从实验组与对照组的比较中得出处理的准确结果。

1. 从实验对照的形式上来看,常用对照有:

（1）空白对照　即在不加任何处理的"自然"条件下进行的对照观察。

（2）标准对照　即以国家或有关行业组织确定的标准值或正常值下进行的观察。

（3）实验对照　指与某种有关实验条件下,出现的结果对照。

（4）自身对照　指对同一实验对象,进行实验前与实验后有关观察指标数据资料的对比等。

2. 从实验结果的预期来看,实验对照可分为:

（1）阴性对照　是指不应该出现阳性结果的对照,比如空白对照。

（2）阳性对照　是指在设定的处理因素存在的情况下,应该出现阳性结果的对照。

通过阳性对照和阴性对照实验可判断出实验结果的可靠性、实验方法和实验手段的有效性。关于阴性对照,就是只要没有所设定的处理因素存在,就不能出现阳性结果,如果出现,即为假阳性。关于阳性对照,就是当有所设定的处理因素存在时,就应该能检测出阳性的实验现象,否则,就出现了假阴性结果;一旦出现假阳性和假阴性结果,那么实验中出现的阳性和阴性结果就无从判断其真伪,即实验结果无分析价值。

（二）随机

在生物实验中的样本的分组应按随机化的原则,保证每个实验对象都有同等

机会进入实验或接受某种处理。在选择实验样本时,随意不能称为随机。随机常用的方法有查随机数字表和随机排列表等。随机化是保证均衡性的重要手段,有助于避免有意无意的偏差,使样本的生物差异平衡分配到各组。

1. 简化分层随机法

常用于单因素小样本的实验,如生物样本按性别、体重等指标因素顺序排列,分组时依次分配到各组。

2. 完全随机法

主要用于单因素大样本的实验,先将全部动物编号,按统计学教材上的随机数字表,任取一段数,依次排列生物样本个体,然后按排配随机数字的奇偶(分 2 组时)或除以组数后的余数(分 2 组以上时)作为纳入的组数,最后随机调整,使各组的样本数达到均等。

3. 配对随机法

先将生物样本按性别、体重或其他因素加以配对,以基本相同的 2 个样本作为一对,配成若干对,然后将每一对随机分配于两组中,这样两组的样本基本相同,从而减少生物差异。

(三)重复

重复原则亦称重现性。关于重复性,一方面表现为在一次实验中,研究对象要有一定的数量,或说样本的数量应足够;另一方面表现为在同样条件下重复进行多次同样的实验,对于多次重复的实验,应取得与以前或他人一致的结果。由于个体的差异或实验的误差,仅根据一次实验或一个样本动物所得的结果,往往很难下结论。在适当范围内重复愈多,则愈可靠。

在单次实验中,选择合适的研究样本的数量,一方面可以有效地揭示实验结果,另外一方面也可减少实际工作的困难和节约成本(样本数增大,实验成本和实验困难度会相应增大)。因此,实验设计中,使用增强实验敏感度的办法,在保证实验结果具有一定可靠性条件下,确定最少的实验样本数。

标本大小估计原则,可根据下列因素来考虑。

(1)变异系数大(如平均数±标准差,标准差大),样本数应大;反之,变异系数小,较小样本数,便可得到显著的差异的实验结果。

(2)根据 P 值的大小要求确定样本数。P 值定得小(如 $P < 0.01$),样本数要加大,P 值定得大(如 $P < 0.05$),样本数就可小。

三、实验实施方案的内容和要求

1. 实验对象

明确实验对象。实验对象包括选择对象的条件及标准,对象的组成和数目(即样本大小,大小确定参看上文)。

2. 处理因素

一般每次实验只观察一个因素的效应,称之为单因素设计。单因素设计目标明确,简单易行,条件好控制,结果一目了然。如在一次实验中同时观察多种因素的效应,称之为多因素设计。多因素设计有多、快、省的优点,但方法繁杂,条件不易控制,对于学生不要轻易采用。

注意对非处理因素的控制。非处理因素并非实验研究内容,但其存在可以干扰实验研究的结果。对非处理因素在实验设计时应采取限制、配对和分层分析等措施来加以控制。

3. 实验方法

这里的实验方法一般主要指的是指标检测的具体程序和手段,其主要原则是:

(1)先进性　尽量用高、精、尖、新的方法。

(2)灵敏性　方法应灵敏可靠、保证结果准确

(3)标准化　包括仪器、试剂、实验条件、指标检测、观察时间等。

4. 观察指标

指标及指标的选定是实验设计中至关重要的问题。

指标分定性指标和定量指标。

指标应具备的条件:

(1)关联性　选用的指标必须与题意密切关联,能准确地反映出被试因素的效应。

(2)客观性　客观指标是能客观记录且不易受主观因素影响的指标。

(3)标准化　应事先规定好指标观察的常规方法,如观察方法、标准、时间、记录及记录格式等。

四、预实验

预实验是正式实验前的重要步骤,也是实验的实践探索。根据预实验所得经验教训,对原始的实验设计做必要的修正。一般通过预实验解决以下问题。

(1)修正实验的种类和例数。

(2)检查实验的观察指标是否客观、灵敏和可靠。

(3)改进实验方法和熟练实验技术。

(4)探索处理强度与处理结果的关系,确定合适的处理强度。

(5)发现值得进一步研究的线索。

五、进行正式实验

经过预实验并及时对实验方案进行必要的论证、修改或调整后,就可以按计划开始正式实验。在实验中应注意细心观察实验现象,认真做好实验记录,并积极分析思考实验中出现的各种现象及其发生的原因。记录实验数据必须客观、精确、及

时和完整。原始记录中应按顺序写明每次实验的题目、日期、对象、材料和条件、方法与步骤、结果(包括文字记录、数据、图表和照片等)和操作者等。

六、数据处理,撰写实验报告

实验研究告一段落后,应及时对所取得的结果进行统计、分析。对原始数据进行统计处理时,应注意对可疑数值的取舍要谨慎。最后根据要求进行文字总结,作出结论,完成实验报告。

七、学生设计性实验的实施流程

1. 选题及建立实验团队

在教师的指导下,根据教师提供的实验题目或自行确定的实验题目,拟定实验目的,明确实验原理。建立实验小组,小组成员团结协作,共同参与。

2. 设计实验方法

针对实验课题需要解决的问题,查阅相关文献资料,制定实验方法。可通过开题报告的形式,向教师及其他同学汇报,征求意见,获得大家的指点和帮助,以便更好地修改,从而提高实验设计的水平及实验方案的质量。开题报告的内容包括:实验题目、实验目的、实验方法、技术路线、可行性分析等。还可通过预实验确定或改进实验方法。

3. 准备实验材料

在常规教学实验中,实验材料的准备工作一般由教师或教辅人员完成,这是一项细致而全面的工作,只要有一项材料准备不全,就会影响实验的正常开设。所以,在准备实验材料前,必须要非常熟悉整个实验过程。实验材料包括生物材料、仪器设备、各种试剂及其他用品。

4. 完成实验操作

根据实验方法,完成实验操作步骤,仔细观察实验现象,做好实验记录。

5. 实验后工作

对实验记录的现象及结果进行处理、分析,撰写实验报告。

第五章　设计及探索性实验

实验五十一　生长素对植物器官扦插生根的影响

一、背景资料

生长素是调节植物生长,尤其能刺激茎内细胞纵向生长并抑制根内细胞纵向生长的一类激素。它可影响茎的向光性和背地性生长。生长素能够改变植物体内的营养物质分配,在生长素分布较丰富的部分,得到的营养物质就多,形成分配中心。生长素在细胞分裂和分化、果实发育、插条时根的形成和落叶过程中发挥了重要的作用。

生长素对器官建成的作用最明显的是表现在促进根原基形成及生长上。苗木插穗在其基部产生不定根,对木本植物来说,主要是由新的次生韧皮部组织分化,但也可由其他组织分化形成,如形成层、维管射线及髓部。吲哚丁酸(IBA)在生长素中促进生根的效果最好,在应用方面发现吲哚丁酸(IBA)与萘乙酸(NAA)比吲哚乙酸(IAA)稳定,效果更好。

二、实验要求

设计实验,研究生长素对植物插条生根的影响,寻找出促进某一植物插条生根的最佳浓度。

三、参考选题

1. 生长素对鹅掌柴扦插繁殖的影响。
2. 生长素对银杏扦插繁殖的影响。
3. 生长素对月季扦插繁殖的影响。

实验五十二　生境与植物气孔分布

一、背景资料

生境是指提供生物最直接的生活条件的场所。由于植物生活环境的差异,导

致了植物的器官在形态、结构上的差异。

气孔是叶、茎及其他植物器官上皮上许多小的开孔之一,是高等植物表皮所特有的结构。常把保卫细胞之间形成的凸透镜状的小孔称为气孔。紧接气孔下面有宽的细胞间隙(气室)。气孔在碳同化、呼吸、蒸腾作用等气体代谢中,成为空气和水蒸气的通路,其通过量是由保卫细胞的开闭作用来调节,在生理上具有重要的意义。气孔通常多存在于植物体的地上部分,尤其是在叶表皮上,在幼茎、花瓣上也可见到,但多数沉水植物则没有。一般在叶下表皮较多,也有的仅在上表皮。

二、实验要求

选择不同生境下的几种类型的植物的叶,设计实验,观察其上下表皮的气孔数量、密度、大小,分析生境与植物气孔分布之间的关系。

三、参考选题

1. 阳生植物与阴生植物的气孔分布观察。
2. 水生植物与陆生植物的气孔分布观察。

实验五十三　生境与植物分布

一、背景资料

生境是生物的个体或种群居住的场所,又称栖息地。对于生物的生活来说,生境是提供最直接的生活条件的场所。由于生物生活所需要的环境条件的不一致,导致了不同环境中的生物分布的不同,如苔藓分布在阴暗潮湿的地区,芦苇分布在水边等湿地环境中等等。

二、实验要求

就某一大型或小型的生境,设计调查方案,对其植物分布情况进行调查,并分析植物分布与环境条件的关系。

三、参考选题

1. ××地区沿海滩涂生境对植物分布的影响。
2. ××池塘的植物分布。
3. 阳光对植物分布的影响。
4. 水分对植物分布的影响。
5. 土壤成分对植物分布的影响。

实验五十四　植物生长素与植物向性关系的研究

一、背景资料

植物生长素是调节植物生长的一类激素。生长素可引起植物的茎的向光性和根的向地性生长。

不同器官对不同浓度的外加生长素反应有很大差异。以根、茎、芽三种不同器官为例,三者的最适浓度为茎＞芽＞根。根对生长素最敏感,极低浓度即可促进生长(10^{-10} mol/L 左右),在较高浓度下生长受抑制;茎对生长素的敏感程度较差,其促进生长的最适浓度约为 10^{-5} mol/L,达 10^{-3} mol/L 以上茎生长才受抑制;芽的反应则介于茎与根之间。因此,促进茎生长的浓度足以抑制根的生长。

无论是向光性或向地性弯曲,都是由于生长素在器官的上下面分布不平衡,而引起的生长不平衡所导致的。生长素分布的不平均,则是由于光线或重力刺激植物的结果。

二、实验要求

设计实验,探索生长素对植物向光性和向地性的影响,探索不同浓度的生长素对根和茎生长的影响。

三、参考选题

1. 生长素对植物向光性的影响。
2. 生长素对植物向地性的影响。
3. 植物根背光性的研究。

实验五十五　温度对种子萌发的影响

一、背景资料

种子萌发是种子的胚从相对静止状态变为生理活跃状态,并长成营自养生活的幼苗的过程。生产上往往以幼苗出土为结束。种子的萌发,除了种子本身要具有健全的发芽力以及解除休眠期以外,也需要一定的环境条件,主要是充足的水分、适宜的温度和足够的氧气。

各类种子的萌发一般都有最低、最适和最高三个基点温度。温带植物种子萌发,要求的温度范围比热带的低。如温带起源植物小麦萌发的三个基点温度分别

为:0～5℃,25～31℃,31～37℃;而热带起源的植物水稻的三基点则分别为10～13℃,25～35℃,38～40℃。还有许多植物种子在昼夜变动的温度下比在恒温条件下更易于萌发。例如小糠草种子在21℃下萌发率为53%,在28℃下也只有72%,但在昼夜温度交替变动于28℃和21℃之间的情况下发芽率可达95%。种子萌发所要求的温度还常因其他环境条件(如水分)不同而有差异,幼根和幼芽生长的最适温度也不相同。

不同植物种子萌发都有一定的最适温度。高于或低于最适温度,萌发都受影响。超过最适温度到一定限度时,只有一部分种子能萌发,这一时期的温度叫最高温度;低于最适温度时,种子萌发逐渐缓慢,到一定限度时只有一小部分勉强发芽,这一时期的温度叫最低温度。

了解种子萌发的最适温度以后,可以结合植物体的生长和发育特性,选择适当季节播种。

二、实验要求

选择某一或几种类型的植物种子,设计实验,观察不同温度对种子发芽率、萌发时间的影响。

三、参考选题

1. 温度对大豆种子萌发的影响。
2. 温度对冬小麦和春小麦种子萌发的影响。

实验五十六　环境条件对水生植物光合作用的影响

一、背景知识

植物光合作用的强度与其产氧量呈正相关。植物光合作用强度的大小受光强、二氧化碳浓度、温度等环境条件影响。而水生植物生活于水环境,水中其他的环境因子也可能会对光合作用的强度产生影响。

二、实验要求

选择某一水生植物(沉水植物),设计实验,观察某一环境因子对其光合作用强度(产氧量)的影响。

三、参考选题

1. 温度对××光合作用的影响。

2. 色光对××光合作用的影响。

3. 水体 pH 对××光合作用的影响。

4. 光强对××光合作用的影响。

5. 二氧化碳浓度对××光合作用的影响。

实验五十七　植物叶绿体色素含量的比较分析

一、背景知识

植物叶片的叶绿体色素含量直接影响着光合速率。其在栽培、生理、育种等研究上是重要的检测指标。

叶绿体色素在植物体内，能不断地进行新陈代谢，其合成与分解一方面受遗传物质控制，另一方面，也与环境因素，如光照、温度、营养、氧气和水分等密切相关。

二、实验要求

选择遗传因素（物种）差异的物种或同一物种在单项环境因素改变时，叶绿体色素含量的变化，并探讨其意义。

三、参考选题

1. 阳生植物及阴生植物叶片中叶绿体色素含量的分析。

2. 光胁迫对阴生植物××叶片中叶绿体色素含量的影响。

3. ××植物不同年龄及不同部位的叶的叶绿体色素含量的比较分析。

4. 环境温度对植物叶片中的叶绿体色素含量的影响。

5. 单色光对植物叶绿体色素含量的影响。

实验五十八　生物节律现象观察

一、背景资料

生命过程中，从分子、细胞到机体、群体各个层次上都有明显的时间周期现象，其周期从几秒、几天直到几月、几年。广泛存在的节律性使生物能更好地适应外界环境。

生物节律现象直接和地球、太阳及月球间相对位置的周期变化对应。

（1）日节律　以 24 小时为周期的节律，通称昼夜节律（如细胞分裂、高等动植

物组织中多种成分的浓度、活性的 24 小时周期涨落、光合作用速率变化等)。

(2) 潮汐节律　生活在沿海潮线附近的动植物,其活动规律与潮汐时相一致。

(3) 月节律　约 29.5 天为一期,主要反映在动物动情和生殖周期上。

(4) 年节律　动物的冬眠、夏蛰、洄游,植物的发芽、开花、结实等现象均有明显的年周期节律。

除天体物理因子外,光线、温度、喂食、药物等因素在一定程度上可起调时作用。

二、实验要求

选择身边的常见的某一动、植物,设计实验,对其生命活动进行日节律、月节律或年节律观察,并探索日节律是否直接与自然刺激相关。

三、参考选题

1. 人体动脉血压日周期波动的观察。
2. 成年女性基础体温月周期波动的观察。
3. ××鸟类日周期活动的观察。
4. 向日葵花盘转动的日周期现象观察。
5. 含羞草叶片运动的日周期现象观察。

实验五十九　动物行为观察

一、背景资料

动物所进行的一系列有利于它们存活和繁衍后代的活动,被称为动物的行为。行为分先天性行为与学习行为。先天性行为指由动物体内的遗传物质所决定的行为。而学习行为是指在遗传因素的基础上,通过环境因素的作用,由生活经验和学习而获得的行为。

每种动物在长期的进化过程中,出现了许多独特的、复杂的行为特征,而短期环境因素的变化可诱发动物的行为表现。

二、实验要求

选择身边常见的某一种动物,设计实验,观察内外环境条件对其行为的影响。

三、参考选题

1. 昆虫趋光行为观察。

2. 蜘蛛的捕食行为观察。

3. 丹顶鹤的越冬行为观察。

4. 草履虫的趋性行为观察。

5. 鸟类的繁殖行为观察。

6. 鸟类印记行为观察。

实验六十　动物再生现象的观察

一、背景资料

生物体的整体或器官因创伤而发生部分丢失,在剩余部分的基础上又生长出与丢失部分在形态和功能上相同的结构,这一修复过程称为再生。再生能力在植物和低等动物之中特别明显,如插枝可以培养成整株植物,低等动物如果失去一个器官还能再长出一个新的同样器官。

二、实验要求

选择身边常见的低等动物,设计实验,观察其再生过程。

三、参考选题

1. 蚯蚓的再生现象观察。

2. 涡虫的再生现象观察。

3. 蝌蚪的再生现象观察。

4. 壁虎的再生现象观察。

实验六十一　$HgCl_2$ 对红细胞膜渗透性的影响

一、背景知识

将红细胞移入低渗溶液后,很快吸水膨胀而破裂、溶血。决定水分进或出细胞的力量是渗透压。水通过两种机制穿过细胞膜。一种是简单的扩散,另外一种是通过细胞膜上的水通道(主要途径)。水通道除了对水分子有通透性外,对某些可以自由通过细胞膜的尿素、甘油等均具有通透性。而水通道机制会被 Hg^{2+} 抑制。

渗透压是表达溶液中的溶质颗粒通过半透膜吸取水分子的一种力量大小的参数,其数值大小取决于溶液中的溶质颗粒数目的多少,而与颗粒的种类和大小无

关,比如 1 mol/L 的葡萄糖溶液和 0.5 mol/L 的 NaCl 溶液等渗。

二、实验要求

设计实验,探索汞对红细胞渗透性的影响,如抵抗低渗溶液的能力是否变化?溶血时间有无变化?在最大抵抗力处,观察红细胞是否全部溶血?溶血时间是否发生变化?(注意与对照组等渗,即需要扣除外加 $HgCl_2$ 的渗透压)。

三、参考选题

1. $HgCl_2$ 对红细胞在低渗溶液中溶血的影响。
2. $HgCl_2$ 对红细胞在尿素溶液中的渗透性影响。

实验六十二　脊椎动物红细胞对低渗溶液抵抗能力的比较观察

一、背景知识

当红细胞悬浮于低渗的 NaCl 溶液中,水分可进入红细胞直至红细胞内外渗透压相等。当水分进入红细胞之后,细胞发生膨胀,细胞的形态和体积随之发生相应的变化。由于红细胞的特殊细胞形态(细胞的膜面积与细胞的体积之比较大),使得红细胞能够容纳较多的水分进入,当进入水分较多时,膜被撑破,出现渗透性溶血。

同一个体中的红细胞对低渗溶液的抵抗能力存在着差异性。从理论上分析,由于不同的脊椎动物的红细胞的形态结构有差异,各自等渗溶液也不同,因而其抵抗低渗溶液的能力也应存在差异。

二、实验要求

观察脊椎动物中鱼类、两栖类、爬行类、鸟类、哺乳类动物红细胞最大抵抗能力。设计合理的对比因子比较它们产生的差异,并探索其可能原因。

三、参考选题

1. 脊椎动物红细胞抵抗低渗溶液能力的比较观察。
2. 脊椎动物红细胞抵抗低渗溶液能力的差异性分析。

实验六十三　人体体表温度的测量与分析

一、背景知识

人是恒温动物,体核温度相对恒定。但体表温度并不恒定,它会随着环境温度和衣着情况的不同发生变化。在同样的条件下,不同部位的体表温度也有明显的差异,体表温度的大小与测量部位及测量部位的形态有相关性。

二、实验要求

设计单因素变化实验,观察环境温度、衣着、测量部位对体表温度的影响,并分析其产生差异的原因。

三、参考选题

1. 环境温度对体表温度的影响。
2. 不同部位的体表温度的测量与分析。

实验六十四　有机物光吸收峰的测定

一、背景知识

物质对于照射其上的光产生吸收,不同物质对光的吸收不同。物质的颜色的产生是由于物质对不同波长的光具有选择性的吸收作用。将不同波长的光依次通过含有某物质的溶液,以波长为横坐标,吸光度为纵坐标,所得的曲线为吸收曲线(吸收光谱)。吸收光最大处对应的光波波长为最大吸收波长,此波长值作为该物质的光吸收峰。

不同的物质有不同的吸收光谱,吸收光谱可作为物质鉴别的依据。而在吸收峰值处,测定光吸收的量,可确定该物质的含量。

二、实验要求

设计实验,验证已知的某物质的光吸收峰,测定未知光吸收峰的物质的吸收光谱并确定其光吸收峰值。

三、参考选题

1. 叶绿体色素光吸收峰的测定(可进一步探索不同叶色的混合叶绿体色素的吸收光谱)。

2．××蛋白质光吸收峰的测定。

3．××核酸光吸收峰的测定。

4．××成分(核苷酸或氨基酸或单糖)光吸收峰的测定。

实验六十五　功能微生物的筛选

一、背景知识

环境中存在着各种各样的微生物群体,其中有些微生物具有一些特殊的功能,由于其作用的重要性或特殊性而受到人们的广泛关注,这些具有特殊功能的微生物叫做功能微生物。如可耐受恶劣环境的耐盐、耐碱、耐酸、耐热菌;如具有经济价值或环保价值的微生物群体:固氮菌等植物益生菌,动物体内的共生菌,乳酸发酵的乳酸菌,乙醇发酵的酵母菌,产纤维素酶的细菌,能分解环境中化学污染物的细菌,杀虫菌等等。这些功能菌一般采集于特定的环境,比如从高温温泉处筛选耐热菌,从盐碱地处筛选耐盐、耐碱菌,从死亡的害虫(幼体或成体)中筛选杀虫菌,从植物的根系土壤中筛选植物益生菌,从污染的环境中筛选能分解污染物的菌种等等。从环境中分离、筛选到目的菌后,可进一步进行定向诱导,筛选出高效能的目的菌。

二、实验要求

根据功能要求,确定所要筛选的功能微生物种类,从其可能存在的环境中进行分离培养。

三、参考选题

1．耐盐菌的筛选。

2．杀虫微生物的筛选。

3．分解纤维素的微生物的筛选。

实验六十六　营养与环境因素对微生物生长的影响

一、背景知识

微生物与所处的环境之间具有复杂的相互影响和相互作用。各种因素对微生物的生长和繁殖有影响。可以通过对外界因素的控制来利用微生物有利的一面,限制其有害的一面。

二、实验要求

设计某一营养物质或环境因子,观察其对某一微生物生长的影响。

三、参考选题

1. 氧气对酵母菌生长的影响。
2. 温度对大肠杆菌生长的影响。
3. ××抗生素对××菌生长的影响。
4. pH 对××微生物生长的影响。

主要参考文献

1. 刘凌云,郑光美. 普通动物学实验指导(第二版). 北京:高等教育出版社,1998

2. 赵遵田,苗明升. 植物学实验教程. 北京:科学出版社,2004

3. 吴峰. 普通生物学. 青岛:山东海洋大学出版社,1999

4. 吴相钰,陈守良,葛明德. 普通生物学(第四版)北京:高等教育出版社,2014

5. 张志良,翟伟氰. 植物生理学实验指导(第三版). 北京:高等教育出版社,2003

6. 解景田,赵静. 生理学实验(第二版). 北京:高等教育出版社,2002

7. 谢可鸣,周希平,茅彩萍,等. 机能实验学. 苏州:苏州大学出版社,2005

8. 曾小鲁,刘振寰,戴惠娟. 人体组织解剖学实验(第二版). 北京:高等教育出版社,1989

9. 杨汉民. 细胞生物学实验. 北京:高等教育出版社,1997

10. 王秀奇,秦淑媛,高天慧,等. 基础生物化学实验(第二版). 北京:高等教育出版社,1999

11. 高信曾. 植物学实验指导. 北京:高等教育出版社,1986

12. 北京师范大学等合编. 人体组织解剖学(第二版). 北京:高等教育出版社,1989

13. 陆时万,徐祥生,沈敏健. 植物学(上册,第二版). 北京:高等教育出版社,1991

14. 乔守怡,皮妍,吴燕华,等. 遗传学实验(第三版). 北京:高等教育出版社,2015

15. 蔡信之,黄君红. 微生物学实验(第三版). 北京:科学出版社,2010

附录

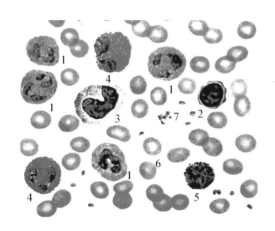

彩图 1　各种人血细胞

1. 中性粒细胞　2. 淋巴细胞　3. 单核细胞

4. 嗜酸性粒细胞　5. 嗜碱性粒细胞　6. 红细胞　7. 血小板

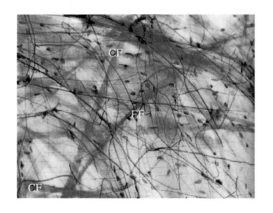

彩图 2　疏松结缔组织

CF:胶原纤维;EF:弹性纤维

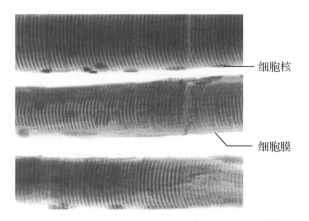

细胞核

细胞膜

彩图 3　骨骼肌纵切

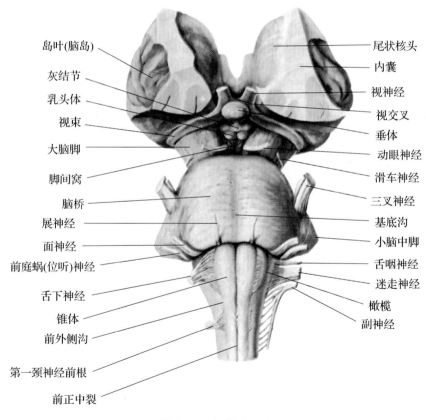

岛叶(脑岛)
灰结节
乳头体
视束
大脑脚
脚间窝
脑桥
展神经
面神经
前庭蜗(位听)神经
舌下神经
锥体
前外侧沟
第一颈神经前根
前正中裂

尾状核头
内囊
视神经
视交叉
垂体
动眼神经
滑车神经
三叉神经
基底沟
小脑中脚
舌咽神经
迷走神经
橄榄
副神经

彩图 4　脑干的腹面观

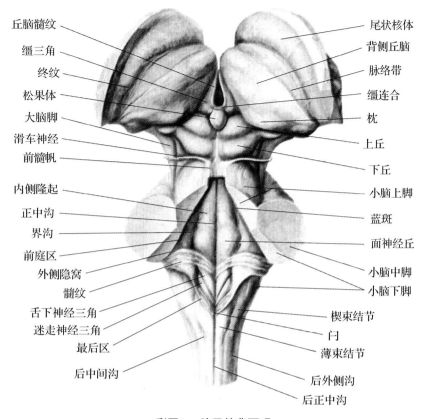

丘脑髓纹
缰三角
终纹
松果体
大脑脚
滑车神经
前髓帆
内侧隆起
正中沟
界沟
前庭区
外侧隐窝
髓纹
舌下神经三角
迷走神经三角
最后区
后中间沟

尾状核体
背侧丘脑
脉络带
缰连合
枕
上丘
下丘
小脑上脚
蓝斑
面神经丘
小脑中脚
小脑下脚
楔束结节
闩
薄束结节
后外侧沟
后正中沟

彩图 5　脑干的背面观

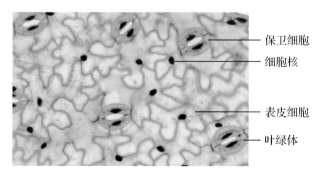

保卫细胞
细胞核
表皮细胞
叶绿体

彩图 6　蚕豆叶下表皮

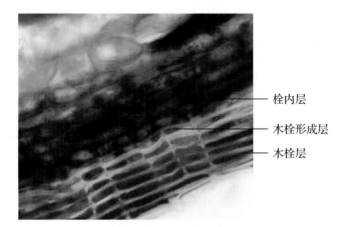

栓内层

木栓形成层

木栓层

彩图 7　周皮（椴树茎）

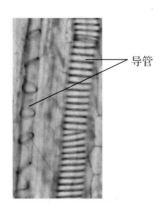

导管

彩图 8　南瓜茎导管纵切

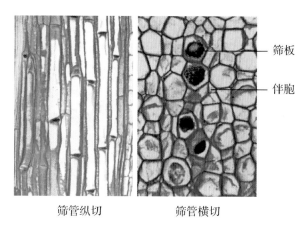

筛管纵切　　　　　筛管横切

彩图 9　筛管纵、横切

筛板
伴胞

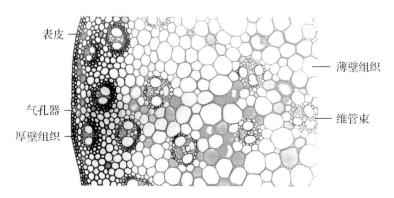

表皮

薄壁组织

气孔器

维管束

厚壁组织

彩图 10　玉米茎的横切

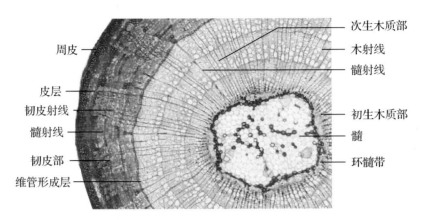

周皮

皮层

韧皮射线

髓射线

韧皮部

维管形成层

次生木质部

木射线

髓射线

初生木质部

髓

环髓带

彩图 11　椴树茎的横切

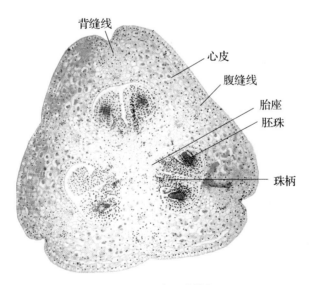

背缝线

心皮

腹缝线

胎座

胚珠

珠柄

彩图 12　百合子房横切